W0268075

IRobot – uMan

Ulrike Barthelmeß · Ulrich Furbach

IRobot – uMan

Künstliche Intelligenz und Kultur: Eine jahrtausendealte Beziehungskiste

Ulrike Barthelmeß
Markenbildchenweg 5
56068 Koblenz
Deutschland
ubarthelmess@gmx.de

Ulrich Furbach
Universität Koblenz-Landau
FB 4 Informatik
Universitätsstr. 1
56070 Koblenz
Deutschland
uli@furbach.de

ISBN 978-3-642-22927-5 e-ISBN 978-3-642-22928-2
DOI 10.1007/978-3-642-22928-2
Springer Heidelberg Dordrecht London New York

Die Deutsche Nationalbibliothek verzeichnet diese Publikation in der Deutschen Nationalbibliografie; detaillierte bibliografische Daten sind im Internet über http://dnb.d-nb.de abrufbar.

Einbandentwurf: KünkelLopka GmbH, Heidelberg

Gedruckt auf säurefreiem Papier

Springer ist Teil der Fachverlagsgruppe Springer Science+Business Media (www.springer.com)

Vorwort

Der Informatiker und die Geisteswissenschaftlerin sprechen über ihre Arbeit: Maschinen, Künstliche Intelligenz, Bewusstsein, Emotionen und Kultur. Gleich zu Anfang gibt es eine Auseinandersetzung. Wie kann er nur so materialistisch sein, so seelenlos! Was macht sie so voreingenommen, borniert, in einem festgelegten Weltbild befangen! Man war beleidigt, verstockt. Dann folgten Argumente, Beispiele, Gegenargumente und letztlich die Idee zu diesem Buch. Bei dessen Realisierung kamen wir uns nicht mehr in die Quere, jeder gab nach einer Runde Schreiben die Staffel zuversichtlich an den anderen weiter. Wir entdeckten Gemeinsamkeiten, Analogien, Kontraste, tauschten uns aus, ergänzten uns, staunten über das Muster, das sich in unserem Gewebe bildete, und gelangten schließlich zu dem hier vorliegenden Ergebnis, das Ihnen hoffentlich ein wenig Spaß bereitet.

Wir danken Isabelle Barthelmeß für ihre hilfreichen kritischen Anmerkungen und ihr sorgfältiges Korrekturlesen.

Koblenz, Deutschland
Juni 2011

Ulrike Barthelmeß
Ulrich Furbach

Inhaltsverzeichnis

Kapitel 1
Einleitung

Roboter sind uns vertraut, sie sind Gegenstand vieler Hollywood-Filme. Manchmal bedrohen sie die Welt, manchmal haben sie sie schon erobert, so wie in der Matrix-Trilogie, wo die Welt sogar von Maschinen geschaffen wird. In anderen Filmen sind Roboter Helfer des Menschen, oft aber sind sie bedrohlich, geraten leicht außer Kontrolle oder sind gar böse – böse? Können Maschinen denn Charaktereigenschaften haben? Auch dies wird oft thematisiert, so in dem Meisterwerk von Kubrick und Spielberg „AI", wo Androiden Gefühle zeigen und nach dem Sinn des – ihres – Lebens fragen.

Wie sieht es in der Wirklichkeit aus?

Robotik ist ein Wissenschaftsgebiet, es erstreckt sich von der Informatik über Elektrotechnik und Maschinenbau und berührt dabei auch Disziplinen wie Linguistik und Psychologie.

Anwendungen der Robotik sind vielfältig: Wir sehen Industrieroboter, die in Montagehallen arbeiten, Fußball spielende humanoide Roboter, Mars-Explorer, Staubsauger oder auch intelligente Fahrassistenzsysteme, die unsere Kraftfahrzeuge eigentlich in partielle Roboter verwandeln. All dies sind nützliche oder doch zumindest interessante Anwendungen moderner Robotik. Wir haben uns daran gewöhnt und wir leben gut damit. Robotik ist eine äußerst dynamische junge Wissenschaftsdisziplin und ständig sind neue Erfolge und Anwendungen zu erwarten.

Manchmal allerdings wird die Beziehung problematisch; etwa als 1996 das erste Mal in der Geschichte ein Automat einen Schachweltmeister besiegte. Das IBM System Deep Blue besiegte damals Garri Kasparow in einer Partie mit den üblichen Zeitkontrollen. Das war spektakulär, wurde aber noch nicht als bedrohlich erachtet; man konnte sich leicht mit dem Verweis auf die unglaubliche Rechenleistung des Computersystems trösten. Schließlich konnte Deep Blue ja nur schnell und weit vorausschauend die möglichen Spielzüge vorausberechnen. Allerdings blieb unklar, inwieweit noch andere Techniken oder gar automatisches Lernen eine Rolle gespielt haben. Anders ist die Situation bei einem anderen IBM System, welches nach einem der Gründer des Unternehmens Watson getauft wurde. Watson gelang es Anfang 2011, in der in den USA sehr beliebten Quizshow *Jeopardy!* die zwei Rekordchampions Ken Jennings und Brad Rutter in einem dreitägigen Turnier zu besiegen. Hier kann nicht alleine die Rechenleistung der Grund sein. Watson muss über sehr gutes

U. Barthelmeß, U. Furbach, *IRobot – uMan*,
DOI 10.1007/978-3-642-22928-2_1, © Springer-Verlag Berlin Heidelberg 2012

Allgemeinwissen verfügen, denn schließlich können die Fragen aus vielerlei Wissensgebieten kommen. Watson muss die natürlich-sprachlichen Fragen verstehen; sie enthalten bei *Jeopardy!* häufig Wortspiele und Andeutungen. Eigentlich sind es keine Fragen, sondern Antworten und die Spieler müssen die zugehörigen Fragen finden. Es war ein erstaunlicher Wettkampf – zumal Watson ja auch schnell sein musste, da die Spieler hier unter starkem Zeitdruck stehen. Die Fachleute sind begeistert, die Öffentlichkeit staunt – und hat Bedenken.[1] Ist es nicht bedrohlich, wenn Maschinen intelligenter als Menschen werden? Müssen wir das verhindern? Müssen wir unsere Rolle als Spitze der Evolution verteidigen?

Ähnlich problematisch wird es, wenn thematisiert wird, ob Roboter in der Alten- und Behindertenpflege eingesetzt werden können und dürfen. Ist es nicht unmenschlich, unsere Alten von Robotern versorgen zu lassen? Oder warum stellt sich bei manchem europäischen Wissenschaftler ein eigenartiges Gefühl ein, wenn Professor Asada, ein führender japanischer Robotikwissenschaftler, berichtet, dass sein Institut versucht, aus der embryonalen Entwicklung des Menschen für die Entwicklung seiner Roboter zu lernen? Oder wenn ein anderer japanischer Kollege, Professor Ishiguro, einen Roboter konstruiert, dessen Äußeres seiner fünfjährigen Tochter täuschend ähnlich nachempfunden ist.

Thomas Mann lässt Naphta Settembrini gegenüber im Zauberberg argumentieren: „Wahr ist, was dem Menschen frommt. In ihm ist die Natur zusammengefasst, in aller Natur ist nur er geschaffen und alle Natur nur für ihn. Er ist das Maß der Dinge und sein Heil das Kriterium der Wahrheit." Die Rolle des Menschen in der Natur ist klar! Ist da Platz für Roboter oder gar Androiden?

Auffällig ist, dass die Haltung Robotik-Entwicklungen gegenüber in verschiedenen Kulturen sehr unterschiedlich ist. In Asien steht man neuesten technologischen Entwicklungen sehr viel unvoreingenommener gegenüber. Offenbar beeinflussen unser kultureller Hintergrund, unsere christlichen Wurzeln die Haltung, die wir Maschinen und Robotern entgegenbringen. Jedenfalls ist dies die These dieses Buches: Wir werden Robotergeschichten aus den letzten 2000 Jahren aufgreifen und der Frage nachgehen, welche Rolle Automaten oder Mechanisches in der Kultur spielen. Dabei werden nicht nur die technischen Aspekte beleuchtet, vielmehr liegt uns an ihrer Einbettung in Kunst und Kultur. Wir werden abschweifen in die Literatur, werden Beispiele aus der bildenden Kunst bemühen und uns dabei über mehr als zwei Jahrtausende bewegen. Dazwischen halten wir immer mal wieder inne und schildern aktuelle technische Entwicklungen. Allerdings präsentieren wir all dies nicht als wissenschaftliche Untersuchung, vielmehr sind es Überlegungen, die zustande kommen, wenn eine Germanistin mit einem Informatiker über Technik und aktuelle Forschung spricht. Ideen und Vorstellungen, die hier formuliert sind,

[1] Ein Journalist ruft den Autor UF an, um ihn in Sachen Watson zu interviewen. UF schwärmt und preist die Technik und die Leistung des Systems. Es dauert mehrere Minuten, bis UF merkt, dass der Journalist jemanden sucht, der *gegen* Watson argumentiert. UF nennt ihm einen Philosophie-Professor, vielleicht sieht der das ja kritisch?

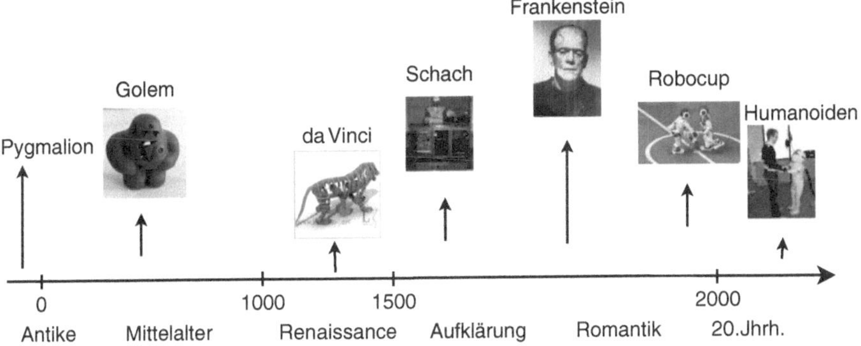

Abb. 1.1 Leitfaden durch den Inhalt

möchten anregen und vielleicht auch unterhalten, sie sind keine wissenschaftlich unterlegten Wahrheiten.

Wir starten im Zeitstrahl der Abb. 1.1 in der Antike bei Homer und Pygmalion, erzählen die Golem-Sage und halten uns in der Romantik bei E.T.A. Hoffmann und bei Frankenstein auf. Natürlich widmen wir uns auch dem Rationalismus, der Aufklärung und insbesondere den vielfältigen mechanischen Wunderwerken jener Epoche. Wir verweilen dann ausführlich im 20. Jahrhundert, wo Industrialisierung und Krieg eine wichtige Rolle spielen, die auch den Dadaismus, Surrealismus und viele andere Kunstrichtungen beeinflussten. In all diesen sind Roboter und Automaten aufzuspüren.

Vielleicht lassen sich durch die Beschäftigung mit unserem kulturellen Hintergrund Ängste und Bedenken, die wir Menschen oft Robotern und Technik gegenüber haben, besser verstehen und somit mildern.

Kapitel 2
Antike und Assistenzsysteme

Klick klack, klick klack, ich bewege mich ruckartig vorwärts, den Kopf in gleichbleibendem Rhythmus nach links und rechts drehend, den Blick starr nach vorn gerichtet, die Zähne gefletscht, Hindernisse missachtend, immer weiter, immer weiter. Ein Aufschrei der Panik: Mama, hör auf, flehend. Fast weinend. Ich treibe es auf die Spitze, bis ich ihr augenzwinkernd zu verstehen gebe: Es bin immer noch ich, die sich da fortbewegt. Jetzt schlägt die Stimmung um, sie steigt begeistert in die Choreographie mit ein: Zwei Roboter, ein großer und ein kleiner, ziehen durch die Wohnung.

Nicht nur Kindern scheinen sie hierzulande nicht geheuer zu sein, diese nichtmenschlichen Wesen, und kaum ein passabler Horror-Film kommt ohne sie aus. Reisen wir aber in den fernen Osten oder in die Vergangenheit, werden wir eines Besseren belehrt.

Ilyas

Homer hatte bestimmt kein Horror-Szenario im Sinn, als er den Schmied Hephaistos mit Roboter-Wesen umgab. Im 18. Gesang der Ilias besucht ihn Thetis, die Mutter von Achilles, um eine Rüstung für ihren Sohn in Auftrag zu geben:

> Sprach's, und erhob sich vom Amboss, das rußige Ungeheuer,
> Hinkend, und mühsam strebten daher die schwächlichen Beine.
> Abwärts legt' er vom Feuer die Bälg', und nahm die Gerätschaft,
> Alle Vollender der Kunst, und verschloss sie im silbernen Kasten;
> Wusch sich dann mit dem Schwamme die Hände beid', und das Antlitz
> Auch den nervigen Hals, und den haarumwachsenen Busen;
> Hüllte den Leibrock um, und nahm den stemmigen Zepter,
> Hinkte sodann aus der Tür'; und *Jungfrauen stützten den Herrscher,*
> *Goldene, Lebenden gleich, mit jugendlich reizender Bildung:*
> *Diese haben Verstand in der Brust, und redende Stimme,*
> *Haben Kraft, und lernten auch Kunstarbeit von den Göttern.*
> *Schräge vor ihrem Herrn hineilten sie; er nachwankend.*

U. Barthelmeß, U. Furbach, *IRobot – uMan*,
DOI 10.1007/978-3-642-22928-2_2, © Springer-Verlag Berlin Heidelberg 2012

Hephaistos ist einer der zwölf olympischen Gottheiten der griechischen Mythologie; unklar ist, warum eine unsterbliche Gottheit mit dem Makel einer Missbildung ausgestattet ist. Hephaistos ist lahm, seitdem er von seiner Mutter Hera aus dem Olymp geschleudert wurde. Er wird auf vielen Abbildungen mit Gehhilfen oder auf einem Esel reitend dargestellt. Es gibt Theorien, die besagen, dass Waffenschmiede durch das ständige Einatmen giftiger Dämpfe behindert waren, andere postulieren, dass begnadete Waffenschmiede in der Antike verstümmelt wurden, um sie daran zu hindern, zum Feind überzulaufen.

Vielleicht ist er aber nur deshalb behindert, damit man ihm die goldenen Mädchen zur Seite stellen kann. Homer beschreibt sie als Helferinnen, Assistentinnen; als menschenähnliche Wesen, die rational und gebildet sind, die sprechen können und auch Arbeiten verrichten. Es sind Androiden. Sie sind nicht nur autonome und menschengleiche Helferinnen, sie sind auch rational und beherrschen Künste. Wir werden im Verlaufe unserer Schilderungen sehen, dass all dies zusammen eine Vision darstellt, von der wir heute, im 21. Jahrhundert, noch meilenweit entfernt sind. Nur wenn man sich auf einzelne Aspekte konzentriert, lassen sich menschenähnliche Effekte erzielen. Bewegungen, Sprechen und Kunstfertigkeit: Jedes für sich alleine stellt eine immense Herausforderung für Wissenschaft und Technik dar. Der fiktive Charakter dieser Wesen genehmigte – ohne entsprechenden technischen Aufwand – sogar ästhetische Perfektion. 2000 Jahre später versucht man auch diese zu realisieren.

Androiden

Wir befinden uns an der Osaka Universität bei Professor Hiroshi Ishiguro. In einem Raum mit viel Gerätschaft, Kabeln und Schläuchen sitzt eine in sich zusammengesunkene Puppe. Man ist enttäuscht, sieht keinen Androiden, nur eine Schaufensterpuppe in einer recht technischen, chaotischen Umgebung. Ein Druckluftkompressor im Nebenraum wird gestartet, macht einen Höllenlärm und initialisiert den Androiden Repliee Q1, d. h. die Schaufensterpuppe hebt den Kopf, öffnet die Augen, blickt einen an und beginnt zu sprechen. Es läuft einem kalt über den Rücken: Vor uns sitzt das quasi leibhaftige Ebenbild einer bekannten, bildhübschen japanischen TV-Journalistin. Der Übergang von einer Schaufensterpuppe zu „Goldene(n), Lebenden (gleich), mit jugendlich reizender Bildung: ... mit Verstand in der Brust, und redende(r) Stimme" ist dem Besucher unheimlich.

Professor Ishiguro hat sich auf Androiden, also Menschenförmige, spezialisiert. Seine Arbeiten sind deshalb so spektakulär, da real existierende Menschen als Vorbild dienen. Seine eigene fünfjährige Tochter hat er als Repliee R1 implementiert und schließlich sich selbst mit dem Androiden Geminoid HI-1 modelliert. Der Leser möge in Abb. 2.1 selbst entscheiden, was Original und was Kopie ist. Solche Androiden haben eine täuschend echte Silikonhaut mit darunter liegenden druckluftgetriebenen Muskeln, die Mimik und Bewegungen der Gliedmaßen erzeugen. Noch sind diese Roboter unbeweglich und auf Schläuche angewiesen. Trotzdem ist das Ergebnis verblüffend.

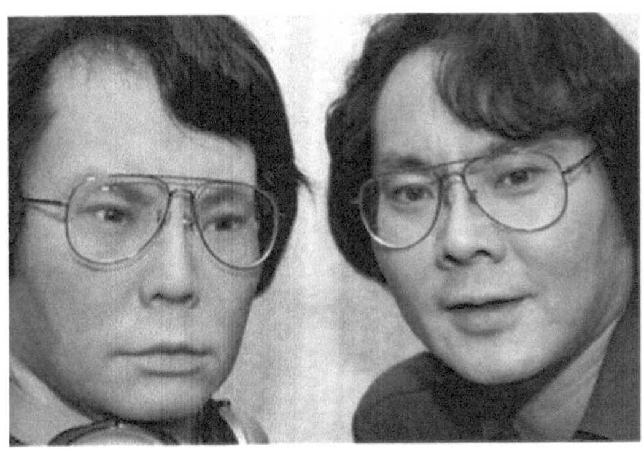

Abb. 2.1 Hiroshi Ishiguro und sein Geminoid HI-1

Das Besondere an Professor Ishiguros Androiden ist, dass sie in den wenigen Bewegungen, die sie beherrschen, sehr natürlich wirken. Die Mimik des Gesichts, die Lippenbewegungen beim Sprechen oder die Gestik der Arme sind menschenähnlich. Hierzu muss erheblicher Forschungsaufwand getrieben werden. Es werden dazu verschiedenartigste Verfahren aus der Kontrolltheorie und der Künstlichen Intelligenzforschung eingesetzt.

Interessanterweise werden diese Androiden und ähnliche Roboter auch am ATR-Institut in Kyoto entwickelt und erforscht, und zwar mit dem Ziel, die Kommunikation zu unterstützen.

Hiroshi Ishiguro verfolgte mit der Multiplikation seiner selbst (das Magazin *Wired* im April 2007 nennt ihn den „Creepy Robot Doppelgänger") auch einen sehr pragmatischen Zweck: Sein alter Ego HI-1 soll in seinem Büro in Kyoto sitzen, Besucher empfangen, während er selbst in seinem Büro in Osaka mit diesem verbunden ist und durch HI-1 mit seinem Besucher in Kyoto kommuniziert. Aber vielleicht war es hier umgekehrt und sein alter Ego HI-1 war in Osaka und hat den Besucher empfangen? Ein wenig Sorgen macht sich Professor Ishiguro, ob die Vergütung für seine Tätigkeit im Labor in Kyoto nun auch weiter voll gewährt wird.

Natürlich gibt es auch humanoide Roboter, die sehr viel beweglicher sind, die sich autonom bewegen, die gehen und laufen können. Im RoboCup, den Weltmeisterschaften von Roboter-Fußball-Mannschaften, gibt es eine Kategorie, in der humanoide Roboter gegeneinander spielen (siehe Abb. 2.2). Diese sind beweglich, können nach Fouls auch wieder aufstehen, der Torwart kann sich sogar im Hechtsprung nach dem Ball strecken.

Die Bewegungen dieser humanoiden Roboter jedoch sind recht unmenschlich: ruckartig und abgezirkelt. Ein Computer steuert zu jedem Zeitpunkt die Stellung der Gelenke so, dass der Schwerpunkt des Roboters sich über der Standfläche befindet. Natürlich gehen und laufen Menschen anders; man versucht dies in der Robotik durch sogenanntes dynamisches Laufen nachzubilden. Hierbei gibt es keine zentrale Computersteuerung der Gelenke, vielmehr werden künstliche Muskeln benutzt, um Bewegungen der Gliedmaßen anzustoßen, so dass eine Geh- oder Laufbewegung zustande kommt. Dieses Vorgehen funktioniert im Labor unter sehr konstanten

Abb. 2.2 Roboterfußball

Bedingungen; in dynamischen Umgebungen, wie zum Beispiel bei einem Fußballspiel, ist diese Technik noch weit von Anwendungen entfernt.

Assistenzsysteme

Hephaistos' goldene Helferinnen sind nichts anderes als ein wunderbar elegantes und fortgeschrittenes Assistenzsystem. Solche Assistenzsysteme sind uns aus modernen Automobilen sehr gut bekannt: Sie helfen dem Fahrer in verschiedensten Situationen. Die Scheibenwischer schalten sich von selbst ein, sobald die Windschutzscheibe nass wird; der Rückspiegel blendet ab, sobald ein Scheinwerfer darin auftaucht; ist eine Tür nicht komplett verschlossen, meldet das Fahrzeug dies; die teuren Modelle helfen beim Einparken oder tun dies gar von selbst. Natürlich gibt es auch Assistenzsysteme in verschiedensten anderen technischen Systemen; Flugzeuge mit ihren „Fly-by-wire-Systemen" gehören dazu, genauso wie intelligente Waffensysteme.

Assistenzsysteme können aber auch in einem durchaus mechanischen Sinn verstanden werden, indem man nämlich versucht die menschliche körperliche Leistungsfähigkeit zu steigern. Sogenannte Exoskelette werden von einem Benutzer angelegt und dann durch Bewegungen seines Körper gesteuert. Da das Exoskelett über eigene Energiequelle und Antrieb verfügt, kann die körperliche Leistungsfähigkeit eines Menschen dadurch signifikant erhöht werden. Dies ist zum Beispiel für militärische Anwendungen äußerst relevant; könnte doch dadurch ein Infanterist auf dem Schlachtfeld sehr viel ausdauernder sein, mehr Nutzlast (also z. B. Feuerwaffen) tragen oder aber auch Verwundete leichter und über weitere Strecken bergen. Gerade bringt eine japanische Firma ein Exoskelett namens HAL auf den Markt, welches gehbehinderten Menschen zu Mobilität verhelfen soll (Abb. 2.3). Das Skelett wird durch Haut-Sensoren, die an Muskeln angebracht werden, gesteuert und soll behinderten und älteren Menschen zu neuer Kraft verhelfen. Das Vermarktungsmodell des Unternehmens sieht wohl vor, dass HAL auch geleast werden

Abb. 2.3 Exoskelett HAL

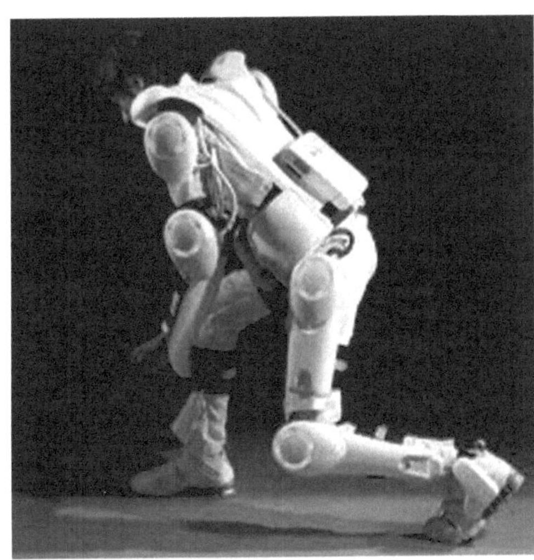

kann, und zwar insbesondere durch Einrichtungen aus dem Gesundheitswesen. Das Ganze klingt nach Utopie, ist aber ein durchaus ernsthaftes und realistisches Unterfangen, wenn man bedenkt, dass in Japan eine im Vergleich zur abendländischen Kultur vielfach höhere Technikfreundlichkeit anzutreffen ist.

Die Akzeptanz von Assistenzsystemen hängt sehr stark vom Grad der Automatisierung ab. So haben die meisten Menschen kein Problem damit, sich in einem Flugzeug befördern zu lassen; weniger akzeptabel ist es, in ein Automobil zu steigen, welches selbstständig Entscheidungen darüber treffen kann, ob zu bremsen oder die Fahrspur zu halten ist. Nun wissen wir zwar, dass Flugzeuge heute mit fly-by-wire Techniken gesteuert werden, aber das klingt ja harmlos: Anstatt der mechanischen Steuerung der Aktuatoren, wie Seitenruder oder Ähnlichem, wird ein digitales Signal an entsprechende Motoren gesendet, mechanische durch elektronische Übertragung ersetzt. Dies ist aber nicht die ganze Wahrheit – in modernen Systemen gibt der Pilot nur sehr allgemeine Anweisungen bezüglich der Steuerung; diese werden dann von einem Kontrollcomputer in diverse Steuerbefehle an die Aktuatoren umgesetzt. Im Grunde fliegt also ein Computer; bei militärischen Kampfflugzeugen ist die Entwicklung sogar so weit getrieben, dass auf Grund ihres komplexen aerodynamischen Verhaltens die Piloten gar nicht mehr in der Lage sind zu steuern, dies wird „by-wire", also von Computern, erledigt.

Der Grad der Automatisierung ist im Fall des Flugzeugs sehr hoch, nur wissen wir Fluggäste sehr wenig darüber (und informieren uns in der Regel auch nicht); beim Autofahren ist die Situation völlig anders. Wir alle wissen, wie das geht, und wollen uns das Steuer nur ungern von allzu mächtigen Assistenzsystemen aus der Hand nehmen lassen. Aber auch das ist trügerisch: Machen wir uns Gedanken über die Wirkung einer Airbag-Steuerung, die im Falle eines Unfalls die Insassen schützen soll? Ein Computer übernimmt die Entscheidung, ob der Airbag auszulösen ist, abhängig von verschiedenen Sensoren über die Fahrsituation. Ein Auslösen in falschen Situationen, also ohne Unfall, zum Beispiel beim Bremsen auf der Autobahn, könnte zu gefährlichen Unfällen führen.

In den vergangenen Jahren ist im Bereich der autonomen Landfahrzeuge eine rasante Entwicklung zu verzeichnen. Zwar gab es in den 1970ern bereits Forschergruppen, die an der Entwicklung selbstfahrender Fahrzeuge arbeiteten. Wegweisend war dabei das Team um Professor Dickmanns an der Universität der Bundeswehr in München. Ein Problem dieser frühen Projekte war, dass die Computerleistung, die notwendig ist, um Videobilder und sonstige Sensoren zu verarbeiten, damals nur durch sehr große und schwere Computersysteme erreicht werden konnte. So kam es, dass Prof. Dickmanns einen Mercedes Klein-Lastwagen als autonomes Fahrzeug benutzen musste, um all die elektronischen Gerätschaften unterzubringen. Ab dem Jahr 1986 konnte dieses Roboterfahrzeug VaMoRs (Versuchsfahrzeug für autonome Mobilität und Rechnersehen) völlig autonom mit Geschwindigkeiten bis zu 96 km/h fahren. Es gab dann eine Folge von Projekten, die sich mit autonomem Fahren beschäftigten. Ein entscheidender Erfolg jedoch war ab 2004 durch die *Grand Challenge*, einem Wettbewerb, den die US-amerikanische Forschungsagentur DARPA ausgeschrieben hatte, zu verzeichnen. Autonome Landfahrzeuge sollten einen Kurs von 142 Meilen völlig ohne Eingriff von außen bewältigen. Die Koordinaten der Wegpunkte wurden den teilnehmenden Teams erst drei Stunden vor Start des Rennens mitgeteilt, so dass die Entwickler ihre Fahrzeuge nicht auf den speziellen Kurs vorbereiten konnten. Der Teilnehmer, dessen Fahrzeug die gesamte Strecke am schnellsten zurücklegen konnte, sollte eine Million Dollar Preisgeld bekommen. Die meisten Fahrzeuge scheiterten bereits nach wenigen Meilen, keines der Fahrzeuge schaffte es, die 142 Meilen in zum Teil sehr anspruchsvollem Gelände zurückzulegen. Als im Jahr 2005 die *Grand Challenge* erneut stattfand, war die Situation grundlegend verschieden: 22 Fahrzeuge starteten, fünf Teams erreichen das 131,6 Meilen entfernte Ziel. Jedoch konnten nur vier der Teams auch das Zeitlimit von zehn Stunden einhalten. Sieger wurde das „Stanford Racing Team" mit seinem Fahrzeug „Stanley". Stanley bewältigte den Kurs in 6 Stunden 53 Minuten und 8 Sekunden, was einer Durchschnittsgeschwindigkeit von 19,1 mph (30,7 km/h) entspricht.

In den folgenden Jahren wurde dann von der DARPA die *Urban Challenge* ausgeschrieben. Hier müssen sich autonome Fahrzeuge in urbanen Umgebungen auch zusammen mit anderen Verkehrsteilnehmern sicher und zielgerichtet bewegen. Mittlerweile gibt es weltweit viele Fahrzeuge, die sich in solch realistischen Umgebungen behaupten können. Ein Indiz für den Erfolg dieser Ansätze ist vielleicht auch, dass 2010 Google ein Team für ein autonomes Fahrzeug gegründet hat – mit dabei ist Prof. Thrun, dessen Stanley bereits 2005 die Grand Challenge gewonnen hat (siehe Abb. 2.4).

Die Entwickler dieser autonomen Fahrzeuge betonen mit schöner Regelmäßigkeit, dass man noch Jahrzehnte davon entfernt sei, solche Fahrzeuge tatsächlich im Alltag zu benutzen; klar ist jedoch, dass die dort entwickelten Techniken stetig in Form von intelligenten Assistenzstemen in unsere Fahrzeuge eingebaut werden. Wie sich die Akzeptanz dieser Systeme entwickelt, bleibt spannend.

Abb. 2.4 Stanley – Sieger der Grand Challenge 2005

Allgemein ist zu vermuten, dass sich die Akzeptanz von Assitenzsystemen verbessert, wenn die Systeme menschenähnliche Gestalt annehmen. Hephaistos' goldenen Mädchen oder Professor Ishiguros Androiden trauen wir vielleicht eher als einem autonomen Fahrzeug. Andererseits haben wir auch damit unsere Probleme, die wir später in Kap. 11 diskutieren werden.

Weiteres Antikes

Im antiken Griechenland sind übrigens weitere Roboter zu finden: So geht die Sage, dass Hephaistos, der göttliche Schmied, auch Talos von Kreta geschaffen hat. Talos war ein metallener Riese, dessen Aufgabe es war, die Insel Kreta zu beschützen. Er umkreiste die Insel dreimal täglich, schleuderte Steine auf feindliche Schiffe oder verbrannte diese. Erst Medea, die zusammen mit den Argonauten von Talos angegriffen wurde, gelang es, einen Nagel aus Talos' Fuß zu ziehen, was schließlich zum Verbluten des metallenen Riesen führte.

Sehr viel konkreter und in Schriften überliefert ist das Werk des Griechen Heron. Heron von Alexandria lebte vermutlich im 1. Jahrhundert, genauere Angaben sind nicht bekannt, er lebte und arbeitete in Alexandria, welches in der Antike für seine Bibliothek berühmt war. Heron war Mathematiker, Ingenieur und Erfinder. Aus dem Schulunterricht ist vielleicht noch die Heron'sche Formel zur Berechnung des Flächeninhaltes eines Dreiecks bekannt, auch eine frühe Form der Dampfmaschine wird von ihm beschrieben und er hat eine ganze Reihe von windgetriebenen Maschinen entwickelt, auch ein Münzautomat für den Verkauf von heiligem Wasser wurde von ihm konstruiert. In seinem Werk *Automata* erklärt er eine Reihe von Maschinen, wie zum Beispiel automatische Tempeltüren oder Bühnenmechanismen für Spezialeffekte im Theater.

Ein Beispiel aus der Antike, welches später von vielen Autoren aufgegriffen wurde, ist die Geschichte von Galatea und Pygmalion. Pygmalion ist ein zyprischer

König aus der griechischen Mythologie. Von Ovid wird geschildert, dass Pygmalion für die Bildhauerei lebt und sich eine Frauenstatue aus Elfenbein schafft, die sehr naturgetreu einer lebendigen Frau gleicht. Pygmalion verliebt sich in seine Statue und erreicht es, dass Aphrodite seine Statue lebendig werden lässt. Pygmalion zeugt ein Kind mit ihr, Paphos, den zukünftigen König von Zypern. Von späteren Autoren wird die lebendig gewordene Statue Galatea genannt, was soviel heißt wie die „Milchweiße", eine Anspielung auf die weiße Gischt der Wellen (Galatea ist bei Ovid eine Nereide, eine Meeresnymphe), aber auch an das Elfenbein der Statue. In die Psychologie hat Galatea übrigens durch den Galatea-Effekt Einzug gehalten: Erwartungen, die Vorgesetzte bezüglich ihrer Mitarbeiter haben, beeinflussen deren Leistung; bei positiven Erwartungen steigt deren Selbstwirksamkeitserwartung, sie führt dann letztendlich auch zu besseren Leistungen.

Der Pygmalion-Stoff diente auch George Bernhard Shaw als Vorlage für sein Schauspiel „Pygmalion". Dort ist Pygmalion der Sprachwissenschaftler Professor Higgins, der wettet, die Blumenverkäuferin Eliza zu einer Herzogin der Londoner Gesellschaft machen zu können. Higgins versteht Eliza als sein Kunstwerk, welches er durch die Arbeit an Elizas Sprachfertigkeiten erschaffen hat (In My Fair Lady: Eliza: Es grünt so grün, wenn Spaniens Blüten blühen! Higgins: Ich glaub' jetzt hat sie's).

Beide Künstler verbindet ein misogyner Zug: Sie kommen mit den real existierenden Frauen nicht zurecht und fixieren sich – selbstverliebt – auf ihre Kunstwerke, denn nur was sie selbst gemacht haben, kann liebenswert sein. Die Frau ist ihr Produkt und nicht ihr Gegenüber, so findet wirkliche Kommunikation nicht statt. Ein Thema, das in der Literatur immer wieder aufgegriffen wird.

An dieser Stelle schließt sich wieder der Bogen zur modernen Informatik. In den 1960er Jahren hatte der Computerpionier Joseph Weizenbaum ein Computerprogramm namens ELIZA entwickelt – angeblich in Anlehnung an Shaws Pygmalion. Seine ELIZA kommuniziert mit einem Redepartner über Tastatur und Bildschirm. Soeben habe ich folgenden Dialog mit ELIZA geführt:

I am the psychotherapist. Please, describe your problems. Each time you are finished talking, type RET twice.

I am feeling sad.
Why do you say you are feeling sad?

Because I need help.
Is it because you need help that you came to me?

yes.
I see . . . Well, what makes you believe this is so?

Because you are a psychotherapist.
Does it bother you that I am a psychotherapist?

Not at all. Why do you think so?
When did you first know that do me think so?

go to hell!
I would appreciate it if you would watch your tongue!

ELIZA versteht überhaupt nicht, was ich äußere; Weizenbaum hat ein simples Mustererkennungsverfahren programmiert, so dass recht stereotype Antworten erzeugt werden. Das Programm versteht nicht, was ich eintippe. Es sucht lediglich einige von Weizenbaum vorgesehene Schlüsselworte und reagiert auf diese mit einigermaßen gut – zumindest in diesem Kontext – passenden Phrasen. Trotzdem hat das Programm seinerzeit viel Aufsehen erregt, obwohl Weizenbaum immer betont hat, dass das Programm nicht wirklich ein Gesprächspartner und noch weniger ein Psychotherapeut ist. Noch heute wird ELIZA von vielen als eines der ersten Systeme der Künstlichen Intelligenz angesehen – irrtümlich!

Verstehen künstliche Systeme?

Eine Frage drängt sich in diesem Zusammenhang auf: Wann versteht ein künstliches System, was ich schreibe oder sage, oder was heißt Verstehen?

Der Britische Mathematiker Alan Turing hat bereits in einem Aufsatz im Jahre 1950 „Computing Machinery and Intelligence" ein Szenario vorgeschlagen, welches mittlerweile als der 'Turing-Test" bezeichnet wird: Eine Person 1 befindet sich in Raum 1 und kann mittels einer Tastatur und Schriftausgabe mit zwei anderen solchen Stationen in Raum 2 und Raum 3 kommunizieren. Die Person 1 weiß, dass in einem der beiden Räume 2 und 3 ein Mensch die Tastatur bedient, im anderen ein Computer. Person 1 versucht nun durch Unterhaltung und Fragestellungen herauszufinden, welcher seiner Gesprächspartner der Mensch und welches der Computer ist. Kann Person 1 dies nicht feststellen, hat der Computer den Test bestanden, man kann ihn als „denkend" bezeichnen.

Alan Turing gilt als einer der Pioniere der theoretischen Informatik; bereits in den 1930er Jahren hat er grundlegende Arbeiten über die Fähigkeiten und Grenzen von Computern verfasst. Dies alles zu einer Zeit, als Computer noch riesige Hallen füllten und nur sehr beschränkt eingesetzt wurden. Trotzdem wurde auch in jener Zeit an der Verwirklichung des Traums der maschinellen Intelligenz gearbeitet. Turings Aufsatz gilt heute als eine der einflussreichsten Arbeiten in der Geschichte der Kognitionswissenschaften.

Nachdem wir nun einen Test haben, den wir durchführen können, um zu überprüfen, ob eine Maschine intelligent ist und uns wirklich versteht, taucht vermutlich die Frage auf, ob es überhaupt erreichbar ist, diesen Test zu passieren. Können Computerprogramme intelligent sein?

Der amerikanische Philosoph John Searle versuchte diese Frage 1980 mit einem einfachen Gedankenexperiment, dem „Chinesischen Zimmer", zu verneinen: Angenommen eine Person befindet sich eingeschlossen in einem Zimmer; die Person spricht Englisch und kein Chinesisch. Nun bekommt die Person zwei Stapel Papier mit chinesischen Schriftzeichen zusammen mit einem Regelwerk auf Englisch in das Zimmer gereicht. Das Regelwerk enthält Anweisungen, wie Folgen bestimmter chinesischer Zeichen aus dem ersten Stapel mit anderen Folgen aus dem zweiten Stapel in Zusammenhang gebracht werden können. Dies alles nur auf Grund der Form der Zeichen, denn die Person versteht ja keine chinesischen Schriftzeichen. Weiterhin enthalten die englischsprachlichen Regeln auch Anweisungen, bestimmte chinesische Symbole aus dem Zimmer zu reichen.

Die Person führt nun die Regeln aus, vergleicht die beiden Stapel mit chinesischen Zeichen und reicht die entsprechenden Symbole aus dem Zimmer. Versetzen wir uns nun in die Rolle Außenstehender, die Chinesisch sprechen, und nennen wir den ersten Stapel „Story", den zweiten Stapel „Fragen" und die herausgereichte Folge von chinesischen Zeichen „Antworten". Wir beobachten, dass die Person im Zimmer Fragen in chinesischer Sprache zu einer Geschichte in chinesischer Sprache auf Chinesisch beantwortet. Für den Außenstehenden ist es offensichtlich, dass die Person im Zimmer chinesisch spricht. Searl argumentiert nun, dass die Symbolmanipulation der Person in dem Raum nichts mit dem Verstehen von Chinesisch zu tun hat; sie weiß nicht, was sie tut, sie kennt weder Geschichte noch Fragen oder gar Antworten. Dem könnte man jedoch entgegenhalten, dass die Gesamtheit des Zimmers – also Raum, Person und Regelwerk – versteht; das gesamte System ist in der Lage Fragen zu beantworten, es ist nicht nur die Person als ein Teil des Systems. In der Tat reihen sich an Searle's philosophische Betrachtungen zahlreiche Argumentationen für oder gegen die Realisierbarkeit von künstlichen intelligenten Systemen. Im Verlaufe unserer Zeitreise werden wir noch auf einige solche Argumentationen stoßen – wir waren ja gerade erst in der Antike.

Begonnen haben wir dieses Kapitel mit Androiden aus der Ilyas, abschließen wollen wir es mit einem Androiden, der noch deutlich älter ist: In einem Text aus dem 3. Jahrhundert vor Christi wird eine Begegnung in China geschildert. König Mu von Zou, 1023–957 v. Chr., trifft auf eine menschenähnliche Figur, die sich autonom bewegt, die auch hervorragend singt. Als am Ende der Darbietung der Roboter sich zu sehr den anwesenden Damen widmete, wurde der König so zornig, dass der Ingenieur, der ihn entwarf, um sein Leben fürchtete und den König beschwichtigte, indem er ihm das Innere des Androiden zeigte. Es war in der Tat eine Konstruktion aus Materialien wie Holz, Leder und Leim; es waren alle innere Organe, sowie Knochen und Muskeln naturgetreu dem Menschen nachgebildet. Sogar die Funktionsweise war menschenähnlich, als nämlich der König das Herz entfernte, konnte der Roboter nicht mehr sprechen, als er die Leber entfernte, konnte er nicht mehr sehen und ohne Nieren konnte der Roboter die Beine nicht mehr bewegen . . .

Kapitel 3
Golem – Automat ohne Seele

Wie immer, wenn ich plötzlich ohne Internetanschluss bin, habe ich das Gefühl, von der Welt abgeschnitten zu sein, ich kann keine Signale empfangen, nichts senden, nicht kommunizieren. Ein Laptop ist zwar noch immer eine großartige Schreib- und Rechenmaschine und vieles mehr. Alles, was man ihm eingibt, kann er verarbeiten, speichern, kombinieren, aber ohne Internetanschluss ist er stumm, dumm und irgendwie leblos. Ein Automat, der nicht am Leben und Weltgeschehen teilhat, dem der Hauch des Lebens fehlt.

Sprache bzw. Kommunikation ist das A und O des Lebendig-Seins. Am Anfang war das Wort. Gott hat mit seinem Wort dem Erdklumpen, dem Golem Adam, Seele eingehaucht und mit dieser „unio mystica", der Vereinigung von Körper und Geist, den Menschen erschaffen. Die Seele offenbart sich in der Sprache, im Ausdruck des Inneren.

Da Gott den Menschen nach seinem Bilde erschaffen hat, wundert es nicht, dass der Mensch ihm nacheifert und auch ein menschenähnliches Wesen kreieren will. Er formt aus Erde einen Erdklumpen, der an seine Gestalt herankommt. Das Ergebnis ist ein „Golem", ein Unfertiger, Roher, Hilfloser, dem die Essenz fehlt: Sprache, Geist, Seele.

Man behilft sich: Magier können den Golem mit Hilfe eines Wortes beleben und mit einem anderen Machtwort den Zauber wieder rückgängig machen. Das birgt aber ein Risiko, wie wir beim Zauberlehrling sehen:

Hab ich doch das Wort vergessen
Ach, das Wort, worauf am Ende
Er das wird, was er gewesen
Wärst du nur der alte Besen!

Darüber hinaus sind Magier, die mit Dämonen im Bunde sind, alles andere als politisch korrekt. Man will es sich ja nicht mit dem eigenen Schöpfer verderben und spannt dessen Methoden vor den Pflug. Eine Schöpfungsform, die sich mit Gott vereinbaren lässt, ist die, die sich an die „Gesetze der Schöpfung" hält: Werke Gottes sind aus seinem heiligen Namen entstanden. Daher schöpft die *gute Magie* aus dem Buch „Jezira", einem Text der Kabbala über Zahlen- und Buchstabenmystik, das den Ursprung der Welt auf die schöpferische Kraft von Lauten und Zahlen zurückführt. Im Verband mit jungfräulicher Erde ergibt dieses Rezept einen Golem mit Seele.

U. Barthelmeß, U. Furbach, *IRobot – uMan*,
DOI 10.1007/978-3-642-22928-2_3, © Springer-Verlag Berlin Heidelberg 2012

Doch scheint die Rezeptur auf Dauer nicht von Erfolg gekrönt zu sein, wie folgende Legenden zeigen.

Im Mittelalter wurde verschiedenen jüdischen Gelehrten und Rabbinern, die sich insbesondere in der größten jüdischen Gemeinde Prags aufhielten, nachgesagt, dass sie Golems erschaffen konnten. Rabbi Jaffi schuf mit einem „Schabbesgoi" einen Ersatz für einen Nicht-Juden, der die Arbeit der Juden am Sabbat verrichten konnte. Die bekannteste Golem-Legende dreht sich um den Prager Rabbiner Judah Löw (1525–1609):

Im Prag dieser Zeit waren die Juden vielerlei Anfeindungen ausgesetzt. Insbesondere wurde ihnen vorgeworfen, kleine Kinder zu rituellen Zwecken zu töten. Im Judenviertel hatte man sogar Angst, dass ihnen nachts Kinderleichen untergeschoben würden, um die Anklage des Kindesmordes zu rechtfertigen. Im Traum hatte Rabbi Löw die Vision, einen Menschen aus Ton zu schaffen und mit dessen Hilfe die Pläne gegen die Juden zu vereiteln. Um vier Uhr morgens in einer Lehmgrube an der Moldau formte Rabbi Löw mit einem Schüler und seinem Schwiegersohn eine drei Ellen hohe Figur mit menschlichen Zügen. Zusammen mit ein bisschen Hokus Pokus (Zauberformel, Figur siebenmal umkreisen) gelingt es ihnen, die Figur lebendig werden zu lassen. Abbildung 3.1 zeigt einen tönernen Golem, wie er heute vor der Synagoge in Prag verkauft wird. Abgeschlossen wird der Vorgang durch gemeinsames Sprechen eines Satzes aus der Schöpfungsgeschichte „Und Gott blies ihm den lebendigen Atem in die Nase, und der Mensch erwachte zum Leben."

Daraufhin wurde der Golem mit dem Gewand eines Schammes, eines Synagogendieners, gekleidet; er bekam den Namen Joseph, nach einer Gestalt aus dem Talmud, die halb Mensch war und viele gute Taten vollbracht hatte.

Üblicherweise saß der Golem leblos in einer Ecke der Stube; erst nach bestimmten kabbalistischen Ritualen wurde der Golem aktiv. Hier gibt es verschiedene Überlieferungen: In einer Version wurde dem Golem ein Zettel mit dem Namen Gottes

Abb. 3.1 Rabbi Löws Golem

unter die Zunge gelegt, in einer anderen trägt er das Siegel der Wahrheit auf der Stirn, das hebräische Wort für „Wahrheit", EMETh, welches leicht in METh abgewandelt werden kann, dem hebräischen Wort für „Tod".

In der Zeit vor dem Pessachfest streifte der Golem allnächtlich durch die Stadt, um jeden aufzuhalten, der eine Last mit sich trug. Er musste kontrollieren, ob diese ein totes Kind war, welches zum Verderben der Prager Judenschaft in die Judengasse geworfen werden sollte. Zusätzlich machte sich der Golem als Schammes nützlich, indem er die Synagoge ausfegte und die Glocken läutete. Der Zettel unter der Zunge musste an jedem Sabbat (der Tag, an dem nach jüdischem Glauben nicht gearbeitet werden darf) entfernt werden.

Nun klingt das ja recht harmonisch und man könnte den Golem, ganz ähnlich den güldenen Helferinnen des Hephaistos, als erfolgreichen Assistenten zu Segen der Menschen verstehen. In der Tat ist auch ein harmonisches Ende des Prager Golem überliefert: Nachdem Rabbi Löw während einer Audienz beim Kaiser Rudolf II das Versprechen erwirkte, die Prager Juden nicht mehr Verleumdungen auszusetzen, wurden die Dienste des Golem nicht mehr benötigt. Rabbi Löw gelang es durch Umkehrung des gesamten Rituals der Erschaffung, den Golem wieder zurück in einen Haufen Lehm zu verwandeln. Dieser ist auch heute noch auf dem Dachboden der Synagode in Prag zu bestaunen.

Andere Versionen des Finales sind weit drastischer: Nachdem einmal vergessen wurde, den Zettel unter der Zunge des Golems wieder zu entfernen, rast der Golem durch die Straßen, zerschlägt alles, läuft Amok. Irgendwie gelingt es dem Rabbi den außer Kontrolle Geratenen aufzuhalten und den Zettel zu entfernen; worauf der Golem in Stücke zerfällt. Eine andere Version könnte als Vorlage von Goethes Zauberlehrling gedient haben: Die Frau des Rabbis setzt den Golem – entgegen dem ausdrücklichen Geheiß des Rabbis – als Wasserträger ein. Danach geht sie zum Markt, während der Golem in der Zwischenzeit unkontrolliert immer weiter Wasser ins Haus trägt, da ihm ja niemand den Befehl gab, damit aufzuhören.

Golems haben als nützliche Diener und gefährliche Automaten immer wieder die Literatur inspiriert, die Leser fasziniert und schockiert. Ist der Kontrollverlust des Golems mit seinen tragischen Auswirkungen eine Strafe für die Anmaßung der Menschen? Legt Gott ein Veto ein, wenn man versucht, es ihm gleichzutun? Man soll keine anderen Götter (Schöpfer) neben ihm haben. In diesen Geschichten offenbart sich eine tief sitzende Angst, die wohl von Gottesfurcht herrührt.

Womöglich gibt es auch noch andere Ursachen für das Misstrauen, das man *beseelten Automaten* entgegenbringt: Was passiert, wenn der Mensch zum Automaten mutiert, seinen Geist, seine Seele, seine Sprache, sozusagen seine Lebendigkeit verliert, also zum Golem wird? Er verbreitet Furcht und Schrecken. Man denke an Gewalttätige, die sich aufgrund ihrer beschränkten geistigen Verfassung (welcher Ursache diese auch sein mag: Drogen, Krankheit usw.) nicht unter Kontrolle haben, durchdrehen, zerstören, töten, amoklaufen.

Aber auch im *normalen Leben* zeigt sich, wie wenig man von Automaten hält. Neigt ein Mensch dazu, sich gehen zu lassen, mental zu verkrusten, nur ansatzweise automatenähnliches Verhalten an den Tag zu legen, so widerfährt ihm etwas Schreckliches: Er wird verlacht.

Die Entwicklung von uns Menschen, unser Überleben, unser soziales Zusammenleben ist in hohem Maße davon abhängig, wie aufmerksam und geistesgegenwärtig wir sind, wie wir uns neuen Situationen anpassen. Der Mensch als lebendiges Wesen ist aber stets der Gefahr ausgesetzt, aus Gewohnheit und Trägheit eingefahrene Wege zu gehen, nicht flexibel auf neue Situation einzugehen, starr (zum Automaten) zu werden, was letztlich eine Vorstufe der Totenstarre darstellt. Sprache, Mimik, Verhaltensweisen verraten diesen Defekt, der für das soziale Umfeld, das lebendig bleiben will, schädlich ist. Strafe: Lachen. So jedenfalls beschreibt Bergson dieses Phänomen in seinem Essay „Über das Lachen", das er mit der Formel zusammenfasst: Le rire, c'est du mécanique plaqué sur du vivant (in etwa: Lachen ist etwas Mechanisches, das Lebendiges überdeckt).

Ein Beispiel dazu: Ein Mann stolpert über den Schädel eines Löwenfells. Man lacht, der Mann hat seine Umwelt gar nicht beachtet und ist stur seinen Weg gegangen. Beim nächsten Mal stolpert er wieder. Er war nicht lernfähig, der Automat in ihm ist stärker als die Unannehmlichkeit des Stolperns, so wird wieder gelacht. Das wiederholt sich, bis er – für die Zuschauer völlig unerwartet – vor dem Löwenkopf stehen bleibt und darüber hüpft. Das Publikum brüllt. Jetzt eigentlich nicht über den Mann, sondern über sich selbst, denn es ist kurzfristig zum Automaten mutiert – was die Erwartung anbelangt – und sich dessen durch die spontane Reaktion des Mannes bewusst geworden. So (und immer wieder gerne) gesehen im Sketch *Dinner for one*.

Wir könnten darüber auch weinen, doch dann müssten wir unsere Emotionen mitwirken lassen, uns in den jeweiligen Starrkopf einfühlen, seine Vorgeschichte kennen, sein Umfeld, seine Lebensbedingungen beachten, dann wäre das Ganze möglicherweise tragisch. In der Komödie sparen wir die Gefühle aus, sind ganz Intellekt und fokussieren unsere Analyse auf das Fehlverhalten als solches und nicht auf das Individuum, das dahinter steckt. Denn wir müssen wachsam sein, um lebendig zu bleiben, und lernen.

Ist dies ein weiterer Grund für das Misstrauen gegenüber Automaten? Ist er möglicherweise ein Spiegel dessen, was wir nicht werden wollen, aber stets in Gefahr sind zu werden?

Jetzt habe ich endlich wieder Internet-Anschluss, ich nehme am Weltgeschehen teil, kann surfen, chatten, agieren, kommunizieren. Ohne ihn habe ich mich wie gelähmt, ausgeschlossen gefühlt. Aber ist das der Automat, der mir das Gefühl vermittelt, am Leben teilzunehmen, oder sind es nicht viel mehr die Menschen, die sich seiner ebenfalls als Medium bedienen. Ein Automat, der spricht und Seele hat? Kaum vorstellbar. Wenn ja, dann könnte er für mich diese Abhandlung fertig schreiben. Wer weiß, was ihm zu diesem Thema einfiele.

Kapitel 4
Mittelalter – Renaissance – Barock

Ich sitze auf dem Rücksitz unseres Wagens und warte, bis mein Vater das Tor der Einfahrt geschlossen hat und ins Auto steigt. Doch bevor es dazu kommt, setzt sich das Auto in Bewegung und fährt rückwärts. Es fährt von alleine, es macht, was es will, es hat Macht über mich – Hilfe! – ich bin wehrlos. Lachend eilt mein Vater herbei und zieht die Handbremse. Das Gefühl, dem Auto ausgeliefert zu sein, werde ich nie vergessen.

Ähnlich mag es Gawan ergangen sein, als er sich im Zauberbett Litmarveile befand:

Wolfram von Eschenbach thematisiert in seinem Versroman der mittelhochdeutschen höfischen Literatur „Parzival" die Aventiuren, d. h. die abenteuerlichen Geschicke zweier ritterlicher Helden, nämlich Parzival und Gawan, deren Aufgabe es ist, die verlorene Ordnung der höfischen Welt wiederherzustellen, indem sie sich in gefährlichen Situationen bewähren müssen.

Gawan ist seit Jahren auf der Suche nach dem Gral unterwegs. Im Minnedienst um eine Dame namens Orgeluse und zur Befreiung einiger eingesperrter Jungfrauen begibt er sich auf das Schloss des Zauberers Klingsor. Erst muss er den spiegelglatten Fußboden überwinden, der gefährliche Weg zur Minne, die durch das Zauberbett Litmarveile dargestellt wird. Gawan scheitert zunächst kläglich daran, das Bett zu besteigen, da es herumrollt und ihm ausweicht. Letztlich landet er durch einen wagemutigen Sprung mit Schild und Schwert im Bett. Daraufhin schießt es tückischerweise kreuz und quer durch den Raum, um Gawan abzuwerfen, es rast mit Getöse von Wand zu Wand, wodurch die ganze Burg erschüttert wird. Dank seines Gottvertrauens, aber auch seiner Minneerfahrung gelingt es ihm, das Bett zu stoppen. Natürlich ist Gawan damit noch lange nicht am Ende seiner Abenteuer, denn es warten auf ihn noch andere Prüfungen in Form von Riesen und anderen Ungetümen.

Nicht genug von solchen Geschichten konnte Cervantes' Don Quichotte, ein kleiner Landadeliger, bekommen. Er wird aufgrund der einseitigen Lesekost verrückt und glaubt, selbst ein Ritter zu sein, obwohl das zu seiner Zeit, also im 17. Jahrhundert, nicht mehr so up to date war. Er strebt nach Höherem und will – wie seine Romanhelden – Abenteuer bestehen, sich im Kampf bewähren, im Kampf gegen wen? Woher Riesen und Ungetüme nehmen, wenn nicht stehlen – im Reich seiner

U. Barthelmeß, U. Furbach, *IRobot – uMan*,
DOI 10.1007/978-3-642-22928-2_4, © Springer-Verlag Berlin Heidelberg 2012

kranken Phantasie, die ihn so verblendet, dass er aufgrund seiner Idealvorstellungen die Wirklichkeit nicht sieht. Ein Bauernmädchen, dem er den Namen Dulcinea gibt, wird Objekt seiner Minne, obwohl er sie nur einmal in seiner Jugend und später nie wieder gesehen hat. Eine Dorfschänke wird zu seiner Burg, die Mädchen, die davor stehen, sind in seinen Augen Ritterfräulein. Seine Abenteuer enden fast immer kläglich, er wird verprügelt, bleibt aber unbelehrbar.

Er nimmt einen Bauern zu seinem „Ritterknappen" an, der, wie sein Name „Sancho Pansa" (etwa: heiliger Bauch) schon andeutet, das genaue Gegenteil seines Herrn ist – dick, klein, pragmatisch – und ihn fortan begleitet, weil er sich von der Aussicht einer Statthalterschaft über eine Insel verlocken lässt, obwohl er die Verrücktheit seines Herrn durchschaut. So warnt er ihn vor dem Kampf mit den Riesen, die in Wirklichkeit Windmühlen sind. Doch Don Quichotte stellt sich dem Kampf, der, wie nicht anders zu erwarten, schlecht für ihn ausgeht, was er aber bösen Mächten zuschreibt.

Diese Episode des Romans gilt als die bekannteste, auch wenn sie im Roman eine eher untergeordnete Rolle spielt. Nach der Meinung einiger Interpreten parodiert sie den ausweglosen Kampf des „gnädigen Herrn" gegen die „gnadenlose Maschine" im 17. Jahrhundert, den Niedergang des Adels aufgrund der technischen Errungenschaften und seines lächerlichen Versuchs, diesen aufzuhalten.

Die „Maschine" Windmühle hat sich – dank der idealisierenden Denkweise des Ritters von der traurigen Gestalt – zu einem gefährlichen Riesen gemausert. War Don Quichotte vielleicht gar nicht verrückt, sondern ein verkannter Visionär? Sah er den androiden Roboter voraus?

Leonardo da Vinci

Zwar spielen diese mechanischen Hindernisse in den Ritterromanen des ausgehenden Mittelalters nur eine Nebenrolle, in der Renaissance wird es dann aber sehr viel konkreter. Die Renaissance, womit hier die Zeit zwischen Scholastik und Aufklärung gemeint ist, war geprägt durch eine Art Wiedergeburt der Antike, und zwar in vielerlei Hinsicht: in Malerei, Literatur, Architektur oder auch Philosophie. Leonardo da Vinci fällt einem sofort in diesem Zusammenhang ein: Mona Lisa, Abendmahl, die Sixtinische Kapelle und viele andere Kunstwerke aus Malerei und Architektur. Auch als Ingenieur hat da Vinci einen Namen; er hat ein U-Boot konstruiert, einen Hubschrauber entworfen und zahlreiche militärische Gerätschaften und Maschinen konstruiert. Man könnte die Arbeiten von Leonardo auch in direkten Zusammenhang mit den Arbeiten von Heron von Alexandria bringen. Im Abschnitt über die Antike hatten wir diesen Universalgelehrten diskutiert und im Zuge der Renaissance ist dieser Rückbezug natürlich willkommen.

In den 1950ern tauchten Zeichnungen auf, die belegen, dass Leonardo da Vinci sich auch mit dem Entwurf und Bau von Automaten und humanoiden Robotern beschäftigt hat. Schon vorher waren Zeichnungen bekannt, die als Pläne für ein Wägelchen mit Federantrieb gehalten wurden. Nach dem Fund der Pläne in den

1950ern beschäftigte sich Mark E. Rosheim mit diesen; Rosheim ist ein erfahrener Entwickler von Roboter-Technologie und erkannte recht bald die Absicht und Funktionsweise der skizzierten Automaten. In seinem Buch „Leonardo's Lost Robots“[1] beschreibt, deutet und konstruiert Rosheim Leonardos Entwürfe. Dabei stellt sich heraus, dass es sich nicht einfach um ein angetriebenes Wägelchen in der Größe 50 × 50 cm handelte; vielmehr stellt es einen programmierbaren mobilen Automaten dar. Der Antrieb und die Steuerung des Wagens waren so mittels Federn, Zahnrädern und Nocken konstruiert, dass der Wagen, einmal in Gang gesetzt, eine feste, programmierte Bahn abfahren konnte, die ihn wieder zu seinem Ausgangspunkt zurückführen konnte. Die Form und Größe der Bahn konnte durch Wahl verschiedener Nockengrößen verändert werden; sie wurde programmiert – wir haben es mit einem programmierbaren analogen Computer zu tun. Diese Wägelchen sind vermutlich nie gebaut worden, haben auch keinen unmittelbaren erkennbaren Nutzen. Später im Kapitel über die Romantik werden wir eine etwas komplexere Variante der Fahrzeuge unter dem Schlagwort „Synthetische Psychologie“ schildern und uns davon überzeugen, dass hiermit durchaus komplexe Verhaltensweisen (zumindest im Auge des Betrachters) erzeugt werden können. Verblüffend an Leonardos Arbeiten ist, dass er eine Vielzahl von mechanischen Details erfinden und entwickeln musste, um seine Maschinen zu entwerfen. So hat er verschiedene Antriebsarten mittels Federn konzipiert, aber auch die verschiedensten Arten der Kraftübertragung musste Leonardo selbst ausarbeiten – sogar etwas Vergleichbares zum modernen Differentialgetriebe, wie es heute in Fahrzeugachsen verwendet wird, hat er konstruiert.

In anderen Zeichnungen erkannte Rosheim die Pläne für einen mechanischen androiden Roboter. Eine Nachbildung ist in Abb. 4.1 zu sehen.

Der Körper des Humanoiden wurde von einer Rüstung gebildet und im Inneren befand sich der Antriebs- und Steuerungsmechanismus. Rosheim rekonstruierte ein Computer-Modell des Humanoiden aus Leonardos Zeichnungen. Dabei wurde klar, dass Leonardo in diese Entwürfe die langjährigen Forschungsarbeiten über die menschliche Anatomie eingehen ließ. (Eines der bekanntesten Werke ist in diesem Zusammenhang die Zeichnung des Vituvischen Menschen). Das Computer-Modell zeigt, dass der Roboter so konstruiert ist, dass er sich aufrichten, Arme, Beine und den Kopf bewegen konnte und sogar die Kiefer zu öffnen und schließen vermochte.

Leonardo hat aber nicht nur mechanische Studien und Entwicklungen durchgeführt; auch bei der Beobachtung und Analyse der Anatomie und der Bewegung von Lebewesen war er außerordentlich aktiv. Sehr gut untersucht ist mittlerweile auch Leonardos künstlicher Löwe (Abb. 4.2). Er wurde wohl in Florenz gebaut und dann zum triumphalen Einzug Franz I als König von Frankreich in Lyon vorgeführt. Der Löwe lief ein paar Schritte und öffnete dann seinen Brustkorb, der mit Lilien und anderen Blumen gefüllt war. In Leonardos Zeichnungen und in seinen Aufzeichnungen sind ausreichend anatomische Studien des Löwen zu finden, so dass das Forschungszentrum Leonardo3[2] in Mailand dessen Bau rekonstruieren konnte. Als

[1] Mark E. Rosheim. Leonardo's Lost Robots. Springer 2006.

[2] http://www.leonardo3.net.

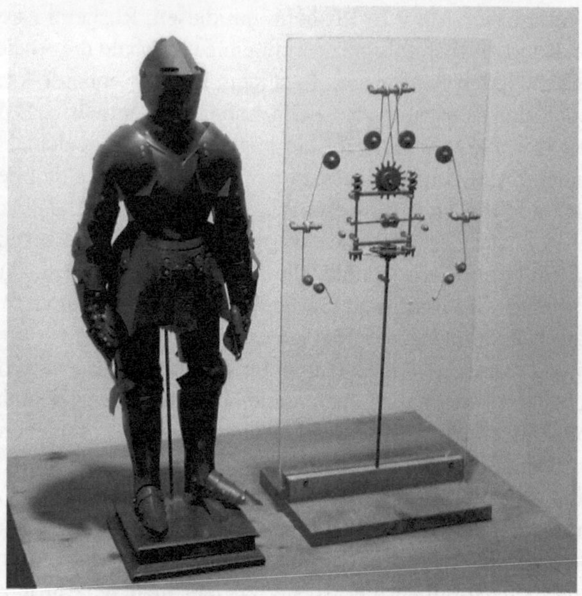

Abb. 4.1 Leonardo da Vincis „Ritter-Roboter" (Quelle: Mark Rosheim)

Abb. 4.2 Leonardo da Vincis Löwe (Quelle: Leonardo 3, SRL via Monte Napoleone, Milano) und Sonys AIBO

besonders aufwändig hat sich dabei der Laufmechanismus erwiesen, bei welchem Leonardo versucht hat die Anatomie eines Löwen nachzuempfinden.

Ähnliche Konstruktionen werden wir wieder im Zeitalter der Aufklärung finden und im entsprechenden Kapitel diskutieren: Leonardo da Vinci war zweifelsohne auch in diesem Bereich seiner Zeit voraus. Man kann dies auch erahnen, wenn man da Vincis Löwen mit dem Roboterhund AIBO von Sony in Abb. 4.2 vergleicht: Dazwischen liegen Jahrhunderte!

Ramon Llull

Anders als bei Leonardo wurden im Mittelalter Androiden und ihr Einsatz eher unter dem Aspekt „Leben schaffen“ behandelt. In der Golem-Sage zum Beispiel stand überhaupt nicht der Entwurf oder die Konstruktion von Automaten oder Robotern im Mittelpunkt, vielmehr ging es eigentlich darum, die Anmaßung des Menschen, es Gott gleich zu tun, indem er Leben schafft, zu verurteilen. Ansonsten ist aus dem Mittelalter wenig aus dem Bereich Automaten oder Roboter zu berichten.

Eine Ausnahme ist jedoch der katalanische Philosoph und Theologe Ramon Llull, oder auch in der latinisierten Form Raimundus Lullus, der bis ins frühe 14. Jahrhundert als Missionar und Wissenschaftler tätig war. Lullus gilt nicht nur als Begründer der katalanischen Literatur, er hatte Christusvisionen, betätigte sich deshalb als Missionar, aber er war auch Philosoph und Logiker. Als solcher kannte er sehr wohl die Arbeiten der Logiker aus der Antike, er wusste über die Syllogismen von Aristoteles. Er kannte diese Regeln, die zeigen, wie aus bekannten oder angenommenen Begriffen neue Begriffe abgeleitet werden können: *Wenn kein Rechteck ein Kreis ist und alle Quadrate Rechtecke sind, dann ist kein Quadrat ein Kreis.* – ist eine typische solche Konstruktion. Aristoteles hatte vor allem Logik als ein Instrument gesehen, welches die Qualität des Argumentierens also des Diskurses verbessern sollte.

Die Scholastik des Hochmittelalters, also des 13. und 14. Jahrhunderts, hatte diese Argumentationsweise als die wissenschaftliche Methode schlechthin definiert. Zumeist wurde sie für die Untersuchung von theologischen Fragestellungen herangezogen, aber auch medizinische, naturwissenschaftliche oder philosophische Fragen wurden derart untersucht.

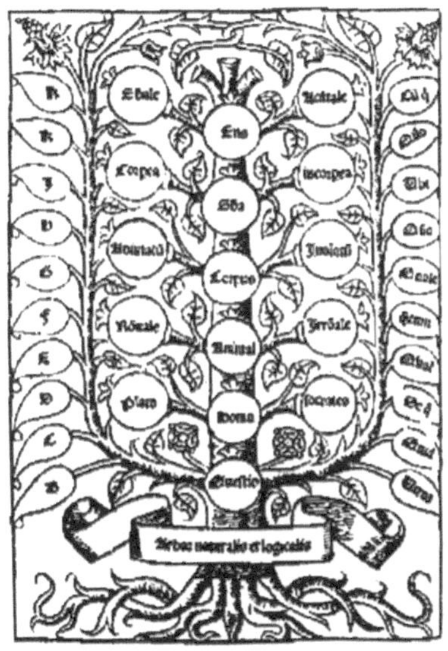

Abb. 4.3 Ramon Llulls mechanischer Logik-Computer

Ramon Llull ist in diesem Sinne durchaus als Scholastiker zu bezeichnen.

Allerdings ging er einen entscheidenden Schritt weiter, indem er die Automatisierung des logischen Schließens vorschlug: In seinem Hauptwerk, der *Ars magna*, entwickelte er die Idee des mechanischen Kombinierens von Begriffen und Schlussregeln. Er baute eine Maschine, die aus sieben konzentrischen Scheiben bestand, auf denen verschiedene Begriffe bzw. Konzepte notiert waren (siehe Abb. 4.3).

Durch Drehen der Scheiben konnten die Begriffe analog zu den Syllogismen miteinander verknüpft und andere Begriffe daraus abgeleitet werden. Man könnte damit Llull ohne Weiteres als den Konstrukteur eines der ersten Computer bezeichnen. In der Tat sind seine Ideen sehr viel später im Zeitalter der Aufklärung aufgegriffen worden, wo dann Leibniz ähnlich vorging, um sehr viel komplexere mechanische Computer zu konstruieren.

Verspieltes Barock

Einen Dämpfer erfuhr die naturwissenschaftliche Entwicklung im Zeitalter des Barock, das durch den Dreißigjährigen Krieg (1618–1648) einen politischen, wirtschaftlichen und kulturellen Verfall erfuhr. Kriegsverluste und insbesondere das Wüten der Pest vernichteten etwa ein Drittel der Bevölkerung in Deutschland. Nach dem Ende des Krieges bildete sich in Deutschland der Territorialabsolutismus nach dem Vorbild des französischen Absolutismus in Versailles heraus. Armut und Siechtum, mystisch-religiöse Schwärmerei und fanatischer Glauben auf der einen Seite, Luxus und Verschwendung auf der anderen prägten das antithetische Lebensgefühl im Barock: Todesbangen „memento mori" (bedenke, dass du sterblich bist) und Vergänglichkeitskult „vanitas" (alles ist eitel) stehen im Spannungsfeld zu Lebenslust und Lebensgier „carpe diem" (nutze den Tag). An den Fürstenhöfen wird Kreatürlichkeit, das heißt, das Bewusstsein, dass man eine Kreatur ist und der Vergänglichkeit, dem Krankwerden, dem Sterben anheimfallen kann, so gut es geht, geleugnet und verdrängt. Zeremonien und Rituale ersetzen natürliche oder gar spontane Lebensführung; Kleidung, Frisuren und Schminke täuschen über das reale Aussehen hinweg; die Gartengestaltung wird einer Geometrie untergeordnet, welche die natürliche Herkunft der Pflanzen vergessen lässt. Der Tagesablauf der Fürsten ist genau fixiert und bis ins kleinste Detail geplant, so dass er an die Mechanik einer Uhr erinnert. Nichts bleibt dem Zufall überlassen. Auch die Technik wird den Repräsentationsaufgaben untergeordnet. So erfreuen sich zweckfreie Automaten, die zu den Lieblingsobjekten fürstlicher Unterhaltung zählen, größter Beliebtheit: z. B. fahrende Tischaufsätze, Schreibtische mit aufspringenden Geheimfächern, Tableaux animés (bewegte Bilder: aus Blech ausgestanzte Fahrzeuge o. ä., die sich auf Endlosketten bewegen). Durch eine aufgezogene Feder getriebene Trinkautomaten werden mit Getränken gefüllt und fahren über die Tafel, um Gäste zu bedienen. Eine wichtige Voraussetzung für die Entwicklung von Automaten waren die Erfolge der Uhrmacherkunst und der Feinmechanik. Zwar stand für die meisten Menschen die Anzeige der Uhrzeit nicht im Vordergrund, sie waren mehr an astrologischen

Konstellationen interessiert, was die Verbreitung des Uhrmacherhandwerks aber durchaus beförderte. Die Uhren wurden miniaturisiert und der Aufziehmechanismus mittels Zugfeder wurde erfunden. Eine entscheidende Neuerung dieser Zeit war die Stiftwalze: Die Anordnung von Stiften auf einer drehbaren Walze konnte benutzt werden, um eine immer gleiche Abfolge von Maschinenschritten zu erzielen. Der Programmspeicher war erfunden! Um aber Automaten zu konstruieren, waren auch andere Handwerker vonnöten: z. B. Mühlenbauer, die ihre Erfahrung im Entwurf und Bau von Räderwerken und Kraftübertragungen einbringen konnten oder Maler, die das Äußere der Automaten gestalten konnten. Nun herrschte damals jedoch weitestgehender Zunftzwang; die Zünfte kontrollierten die Ausübung der einzelnen Handwerkszweige und sogar die Lebensweise der Handwerker. Eine Zusammenarbeit verschiedener Handwerkszünfte war völlig undenkbar! Einzig an den fürstlichen und königlichen Höfen war dies möglich; dort war der Zunftzwang aufgehoben. An den Höfen des Barocks entstanden wissenschaftliche Zentren; sofern Fürsten es sich leisten konnten, versammelten sie Hofgelehrte um sich, sie förderten das wissenschaftliche Experimentieren und den Wissenstransfer. Dies war auch die Zeit der ersten Akademiegründungen außerhalb der Universitäten; kurz hintereinander entstanden in London, Berlin und Paris Akademien der Wissenschaft, die noch heute existieren.

Zurück zu den Automaten des Barocks: Die eingesetzten Techniken stellten keine Erneuerung dar, waren aber hinsichtlich ihrer Perfektion beachtlich. Die stete Wiederholbarkeit der Spielereien, ihre Zwecklosigkeit und Berechenbarkeit entsprachen wohl dem prinzipiellen Anliegen der Barockfürsten: Distanz zu wahren vor dem Leben, mit sich selbst so wenig wie möglich in Berührung zu kommen.

Kapitel 5
Aufklärung – Vom Geschöpf zum Schöpfer

Mit aufgeregter und geheimnisvoller Miene kommt unser Vater zu uns in den Garten, wo wir spielen. „Ich zeig euch was!" Er zieht vorsichtig das obere Geäst der Buchsbaumhecke auseinander und gibt den Blick frei auf ein Vogelnest, in dem ein paar kleine gesprenkelte, pastellfarbene Eier liegen. Wir wissen, was das bedeutet: In wenigen Wochen werden die Eier Sprünge haben und bald darauf werden uns gierig aufgesperrte Schnäbel entgegengestreckt werden, die auf Würmer warten. Wir haben einen Schatz im Garten. Ein großes Geheimnis.

Aus einem Ei wird ein Vogel, aus einer Blüte entsteht eine Frucht, aus einem Samen eine Pflanze, aus einer Raupe ein Schmetterling – der Stillstand der Natur im Winter, ihr Wiedererwachen im Frühling, das Auf und Ab des Mondes, die zyklische Wiederkehr alles Lebendigen: Die Metamorphosen der Natur haben den Menschen von Anfang an in ihrem Bann gehalten. Sie finden ihr Echo in den ältesten Erzählformen, die wir kennen, den Märchen. Es wimmelt in ihnen von kuriosen Vorgängen, die von Wachstum, Wandel und Schöpfung handeln: der Goldesel, der sich streckt und Goldstücke ausscheidet, das Tischlein, das sich selber deckt, Frau Holles blühender Garten, in dem die Bäume geschüttelt, die Backöfen geleert werden wollen, ihr Federbett, dessen Federn als Schneeflocken auf die Erde rieseln. Nicht zu reden von den Verwandlungen der Wesen. Tiere entpuppen sich als Menschen: Der Froschkönig wird zum Prinzen, der Bär in „Schneeweißchen und Rosenrot" ebenfalls. Kinder, Jorinde und Joringel, werden in Vögel und dann wieder zurück verzaubert. Ein Kater coacht seinen Besitzer und befördert seine Karriere.

Auch die griechischen Sagen, die wir vorwiegend von Homer kennen, sind eine fast unerschöpfliche Quelle solcher Mutationsvorgänge. Zeus nähert sich seinen Geliebten fast ausschließlich in verwandelter Gestalt: Als Schwan verführte er Leda, als Stier Europa, als Doppelgänger des Ehemanns (Amphytrion) Alkmene, als Kuckuck Hera, als goldener Regen Danae, als Schlange Persephone. Daphne lässt sich auf der Flucht vor den Zudringlichkeiten Apollos in einen Lorbeerbaum verwandeln. Als Lohn für ihre Gastfreundschaft den Göttern Zeus und Hermes gegenüber dürfen Philemon und Baucis am Ende ihres Lebens als zwei Bäume weiterexistieren.

Die unbändige Lust am Spielen mit Existenzformen, am Kreieren von uns z. T. abstrus anmutenden Zeugungsvorgängen zeigt sich in den Schöpfungsmythen fast

U. Barthelmeß, U. Furbach, *IRobot – uMan*,
DOI 10.1007/978-3-642-22928-2_5, © Springer-Verlag Berlin Heidelberg 2012

aller Kulturkreise, die eine Erklärung für das Entstehen der Welt aus dem Nichts, dem Chaos suchen.

Das Rätsel unserer Existenz kann scheinbar nur durch die Annahme eines großen Magiers, der die Welt erschaffen hat, gelöst werden. Dieses Konzept verlangt Unterordnung und Demut, vermittelt aber auch Trost, insofern man einen Verantwortlichen für sein Geschick hat, das vorherbestimmt ist.

Auch wenn die Naturreligionen mit ihrer animistischen Ausprägung den monotheistischen, auf Moral ausgerichteten Religionen weichen, so bleibt doch der Glaube an einen Schöpfer, von dem alles ausgeht und der alles hervorgebracht hat, bestehen. Auch das Moment des Wandels, der Verwandlung bzw. des Wunders lebt in den jeweiligen Legenden weiter. Die skurillen und oft frivolen heidnischen Bilder der Urmythen wandern ab in die Welt der Literatur und der darstellenden Kunst, wo sie als Metaphern eine Bleibe finden.

Das Konzept des mysteriösen Schöpfers hält sich relativ lange, bis der Zauber zerstört, das Dunkel erhellt wird – durch die Aufklärung.

Kants „Sapere aude" – Habe Mut, dich deines eigenen Verstandes zu bedienen! – wird zum Leitmotiv der Aufklärung. Der Appell, sich von vorgegebenen Annahmen, Traditionen, Vormündern, Vorurteilen zu lösen, indem man versucht, eigenständig zu wissen, zu Weisheit zu gelangen, impliziert eine radikale Abgrenzung von deterministischen Konzepten. Der Mensch ist frei in seiner Entwicklung, trägt als selbstbestimmtes Wesen Verantwortung, ist in der Lage zu lernen, eine bessere Gesellschaft zu schaffen, in denen mündige Wesen unter gegenseitiger Achtung ein schöpferisch erfülltes Leben führen.

Die Kehrseite der Emanzipation ist die Belastung des Einzelnen, der seine Verantwortung nicht auf andere abschieben kann und für alles gerade stehen, der sich dem Postulat des Wissens, der Bildung stellen muss. Es gibt keine Entschuldigung, man habe nicht gewusst, die sozialen, familiären oder sonstigen Umstände, die Gene der Vorfahren, die Triebe seien schuld usw. Die Last der Nicht-Determiniertheit kommt in Sartres berühmter These zum Ausdruck: „L'existence précède l'essence" (Die Existenz geht dem Wesen voraus) – einzig sein nacktes Dasein ist dem Menschen vorgegeben; was ihn am Ende ausmacht, muss er erfinden. Wie Nietzsche so treffend formulierte: „Werde, der du bist."

Die Utopie der Aufklärung ist noch immer umstritten, wie man z. B. an der aktuellen Diskussion über die Schuldfähigkeit sehen kann, derzufolge ein Täter für seine Tat gar nichts kann, da sein Gehirn vor dem Bewusstsein bereits weiß, was geschehen wird. Gerhard Roth, ein Biologe und Hirnforscher an der Universität Bremen ist einer der prominenten Vertreter der Forscher, die aus Sicht der Neurobiologie die Willensfreiheit verneinen. Laut Roth „ist der freie Wille eine Illusion". Gestützt wird diese Auffassung durch eine Reihe von Experimenten, die auf den amerikanischen Psychologen Benjamin Libet zurückgehen. Schon in den 1980ern hatte er Ergebnisse veröffentlicht, die belegen, dass das Bereitschaftspotential für eine bestimmte (einfache) Handlung deutlich vor dem Bewusstwerden des Willensaktes auftritt. Erst dann wird die Bewegung tatsächlich ausgeführt. Das Bereitschaftspotential ist 550 Millisekunden und das Bewusstsein der Absicht erst 200 Millisekunden vor der eigentlichen Handlung zu messen. Libet hat daraus allerdings nicht den radikalen

Schritt zur Aufgabe der Idee der Willensfreiheit getan; er glaubte vielmehr daran, dass eine durch das Bereitschaftspotential eingeleitete Handlung noch kurz vorher durch ein bewusstes „Veto" gestoppt werden kann. Unklar ist bis heute, ob Libet tatsächlich dieses „Vetorecht" nachweisen konnte. Die Experimente sind mittlerweile mehrfach wiederholt und modifiziert worden; insbesondere wurden auch moderne bildgebende Verfahren, wie zum Beispiel die Kernspin-Tomographie, eingesetzt. Damit gelingt es, Hirnaktivitäten live und direkt zu beobachten. Die Ergebnisse werden seit Jahren lebhaft diskutiert; in der Philosophie, der Psychologie, aber natürlich auch in der Theologie und den Rechtswissenschaften. Man könnte sagen, dass die religiöse Determiniertheit – abhängig von den jeweiligen kulturellen Voraussetzungen – von der biologischen abgelöst worden ist. Doch auch dieser Prozess ist, wie wir noch sehen werden, bereits in der Aufklärung gedanklich antizipiert worden.

Die Aufklärung bleibt bis heute ein Gedankenspiel, das zunächst eine Welle des Optimismus in vielen gesellschaftlichen Bereichen ausgelöst hat. Schiller schwärmt in seiner „Ästhetischen Erziehung des Menschen" davon, wie mittels der Literatur der Einzelne erzogen werden kann, wie er sich vom Joch der Triebe, der Orientierung auf materielle Dinge befreien und zu einem „erhabenen Wesen" emporschwingen kann. Das Vorbild des idealen Menschen, der Neigung und Pflicht in Einklang bringt und so Schönheit verkörpert, soll allen Menschen, auch den Tyrannen, helfen besser zu werden. Das wurde als effektiver erachtet als die Anwendung roher Gewalt wie z. B. bei der französischen Revolution. Die Euphorie bezüglich der Erziehbarkeit des Menschen kennt kaum Grenzen. Die Aufklärer sind große Macher. Sie lassen sich nichts aus der Hand nehmen. Selbst ist die Devise. Die Aufklärer verkehren nun den Schöpfungsprozess (sie versuchen es zumindest), sie nehmen den Wandel, die Verwandlung in die Hand, „zaubern" in eigener Regie. Das beflügelt das Streben nach Emanzipation, sogar der der Frauen, im Gesellschaftswesen und stachelt die Wissenschaftler an, das Geheimnis des Lebens zu ergründen: Was bewegt uns? Was ist der Motor unseres Handelns, Seins? Können wir Lebendiges erschaffen?

Mechanisches

Die bereits von der Renaissance und im Barock entfachte Faszination für das Mechanische mündet in zwei gegenläufige Bestrebungen: Einerseits trachtet man danach, Leben zu erschaffen, d. h. materiellen Dingen Leben einzuhauchen, sie sozusagen zu beseelen; andererseits versucht man Leben aufgrund der materiellen Beschaffenheit der Lebewesen zu erklären, ihre Beseeltheit in Frage zu stellen.

Leibniz, der herausragende deutsche Aufklärer, formulierte einen Traum: In Zukunft werden Diskutanten selbst bei philosophischen Themen sich nicht mehr auseinandersetzen müssen, vielmehr werden sie sich zusammensetzen und sagen: *calculemus – lasset uns rechnen.* Die gesamte Philosophie und andere Wissenschaften werden so weit formalisiert sein, dass sich Probleme und offene Fragen

Abb. 5.1 Leibniz' mechanischer Rechner, Nachbau (Quelle: user kolossos)

algorithmisch, also mit Hilfe von Rechenautomaten, lösen lassen. Leibniz baute auch bereits funktionsfähige mechanische Rechenmaschinen (siehe Abb. 5.1) und damit kann Leibniz durchaus als Visionär verstanden werden, der unseren allgegenwärtigen Computereinsatz vorausgesehen und wichtige Weichen dafür in der Mathematik gestellt hat.

Aber nicht nur im Bereich mechanischer Computer hat die Aufklärung einiges vorzuweisen; es wurden auch vielerlei mechanische Lebewesen entworfen: 1738 baute Jacques de Vaucanson einen Querflötenspieler, der auf jedem Instrument spielen konnte; der Automat verfügte über eine genaue Nachbildung des menschlichen Mundes und des Blasverhaltens. Es handelte sich dabei um einen lebensgroßen Androiden, der auf einem Sockel saß, in dem die gesamte Mechanik versteckt war.

Ein weiteres Kunstwerk von ihm ist eine mechanische Ente, wo sogar der Verdauungsapparat so nachgebildet war, dass man der Ente beim Fressen und Verdauen zusehen konnte (Abb. 5.2).

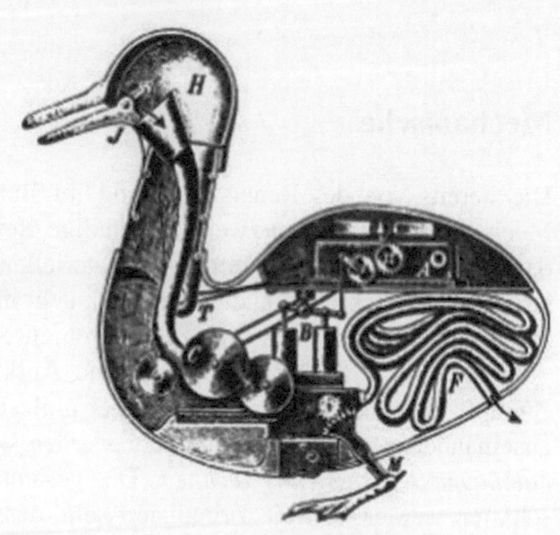

Abb. 5.2 Vaucansons Ente

Abb. 5.3 Jaquet-Droz' Androiden (Quelle: Rama)

Andere Beispiele für das Ziel, Leben zu schaffen, sind auch die Androiden, die von Vater und Sohn Jaquet-Droz angefertigt wurden. Sie konstruierten drei Androiden, die noch heute erhalten sind: einen Schreiber, der mit Tinte und Feder schreibt und so programmiert werden konnte, dass er in der Lage war, bis zu 40 Briefe zu verfassen; einen Zeichner, der vier Zeichnungen produzieren konnte, und einen Orgel spielenden Musiker (Abb. 5.3).

Am bekanntesten ist wohl heute noch der Schach spielende Automat von Baron von Kempelen (Abb. 5.4).

Abb. 5.4 Von Kempelens Schachspieler (Quelle: Joseph Racknitz)

Er wurde das erste Mal 1769 vor Maria Theresia am kaiserlichen Hof in Wien demonstriert und war ein durchschlagender Erfolg: Ein mechanischer Türke saß hinter einem Schachbrett und spielte mit großem Geschick Schach. Dabei konnte man die Maschinengeräusche der Mechanik hören und gleichzeitig das intelligente Schachspiel bewundern. Bald schon tourte der Automat durch ganz Europa, wurde allerorts bewundert und man diskutierte viel über seine Funktionsweise, die jedoch von Baron von Kempelen nicht preisgegeben wurde. Dies ging über 30 Jahre, bis der Automat 1804 an den Hofmechanikus Maelzel verkauft wurde. Dieser hielt die Funktionsweise ebenfalls geheim und es wurde weiter diskutiert und gezweifelt; schließlich ging Maelzel damit auch in die Neue Welt nach Amerika, wo der Automat 1826 seine amerikanische Premiere hatte. Erst 1838, also fast 70 Jahre nach seiner Einführung, wurde das Rätsel gelöst: Im Tisch war ein kleinwüchsiger Mensch verborgen, der die Maschinerie bediente – der „einen Türken baute". Das wirklich Erstaunliche an diesem Automaten ist, dass es solange gedauert hat, bis sein Geheimnis gelüftet wurde. Andererseits überrascht es auch nicht, wenn man bedenkt, dass die Menschen dieser Zeit ja gerade daran glauben wollten, dass mit Mechanik Lebendiges und Intelligentes geschaffen werden kann. Ein weiteres Beispiel für dieses beharrliche An-etwas-glauben-Wollen werden wir später in der Romantik mit der Roboterpuppe Olimpia aus dem „Sandmann" kennen lernen.

Das Bestreben, Materie in Lebendiges umzuwandeln, ist seither eine Konstante der menschlichen Fantasie und wissenschaftlicher Forschung.

Robotikforschung der Gegenwart hat zwar die Mechanik durch vielerlei verschiedene Hard- und Software erweitert; im Prinzip folgen wir hier der gleichen Richtung. Moderne Androidenforschung, auf die in Abschn. 2 eingegangen wurde, versucht die Sensorik des Menschen, wie Haut, Augen oder Ohren nachzubilden und möglichst menschenähnliche Roboter zu schaffen. Interessant ist hierbei, dass die Mechanik, wie sie in der Aufklärung und vorher in der Renaissance untersucht wurde, noch immer erhebliche Probleme bereitet. So gibt es mittlerweile eine Reihe von humanoiden Robotern, die sogar kommerziell vertrieben werden. Diese können auch gehen, über Hindernisse klettern und Treppen steigen; allerdings ist dieses Gehen und Laufen nicht menschenähnlich – man kann dies unschwer an den ruckartigen, unnatürlichen Bewegungen erkennen.

Wir hatten schon im Kapitel über die Antike im Zusammenhang mit Androiden das Gehen angesprochen. Nämlich dass die Bewegungen aller Gelenke von Mikro-Controllern oder gar einem zentralen Computer so gesteuert werden, dass der Schwerpunkt des Roboters sich zu jedem Zeitpunkt über seiner Standfläche befindet – natürlich erfordert dies hohen Rechenaufwand, aufwändige Sensorik und Controller an Hüfte, Knie und Sprunggelenk; sogar die Bewegung der Arme muss natürlich zur Beibehaltung des Gleichgewichtes kontrolliert werden. Hondas humanoider Roboter *Asimo* ist ein Beispiel für diese Art der Bewegungskontrolle (Abb. 5.5). Ganz anderes ist dagegen die Bewegung beim Gehen oder Laufen des Menschen – mit Ausnahme von Kleinkindern, die gerade gehen lernen. Wir steuern nicht bewusst unsere Muskeln und Gelenke, vielmehr setzen wir einen dynamischen Ablauf in Gang, der uns nahezu unkontrolliert vorwärtsbewegt, ohne dass wir das Gleichgewicht verlieren. Solch dynamisches Gehen und Laufen wird derzeit in

Abb. 5.5 Hondas humanoider Roboter *Asimo*

vielen Robotiklaboren untersucht. Dabei kann man „Gehmaschinen“ auf Laufbändern sehen, die sich aufrecht halten können, solange sie gehen – anhalten oder gar Tätigkeiten verrichten ist hier noch nicht möglich.

Lebendiges

Aber auch das Gegenstück dieser Ambition, nämlich Lebendiges auf Mechanisches zu reduzieren, ist von aktueller Brisanz, wenn man Ergebnisse der modernen Hirnforschung in Betracht zieht, wie wir oben angedeutet haben.

„Cogito, ergo sum“ (Ich zweifle/denke, also bin ich) – die Erkenntnis seiner Bewusstheit erlaubt es dem Menschen, sich als solcher vom Rest der Welt abzusetzen. Descartes teilt die Wirklichkeit in zwei Bereiche, die „res extensae“, die Materie, und die „res cogitans“, das Denken. Der menschliche Körper ist dem Bereich der „res extensae“ zuzuordnen, „eine Maschine, die aus den Händen Gottes kommt und daher unvergleichlich besser konstruiert ist . . . als jede Maschine, die der Mensch erfinden kann“ (Discours de la Méthode). Im Unterschied zum Tier habe der Mensch eine Seele. Tiere, die seiner Meinung nach nicht denken oder zweifeln können, sich ihrer selbst nicht bewusst sind, gehören in den Bereich der Materie. Für Descartes steht fest: „Tiere sind Maschinen ohne Seele, bloße Automaten“ (Traité de l'homme).

Der Empirist und Arzt La Mettrie (1709–1751) erkennt und bekennt (lange vor Darwin!), dass Mensch und Tier vieles gemeinsam haben. Er beobachtet, dass unser Seelenleben von körperlichen Zuständen und gesellschaftlichen Rahmenbedingungen abhängt. Der Mensch ist für ihn nur ein weiterentwickeltes Tier, ungünstigenfalls, wenn der Mensch noch nicht voll entwickelt, d. h. ein Kind, geistig oder sonstwie behindert ist, steht er auf einer Stufe mit dem Tier, z. B. dem Affen. Dieser würde, so La Mettrie, eines Tages sicher in der Lage sein, eine Sprache zu erlernen.

In gewisser Weise sei der Mensch ein Tier. Die Begriffe Seele, Geist, Vernunft, Bewusstsein wirft er radikal über Bord, sie seien nur ein „Bewegungsprinzip oder ein empfindlicher, materieller Teil des Gehirns“.

Für das Verständnis des Menschen bedürfe es keiner Metaphysik (Philosophie, Religion etc.), sondern so wie der Ingenieur für die Maschine zuständig sei, so sei es der Arzt für den Menschen. Der Mensch ist nichts anderes als eine Maschine. Somit geht die „res cogitans“ über in die „res extensae“. Mit diesem Schluss, den er selbst als „kühn“ bezeichnet, setzt er sich radikal von seinen zeitgenössischen Kollegen ab, die ihn verbissen anfeinden. Voltaire wirft ihm vor, die „Ketten der Tugend“ und die „Bande der Gesellschaft“ zu zerstören. Die Frage nach der moralischen Verantwortung sucht La Mettrie mit der Reue zu erklären, die beim Verbrecher eintritt, wenn er sich seiner Tat (die auf einen Defekt seines Bewusstseins zurückzuführen ist) bewusst wird. Ansonsten entbehre der Nicht-Tugendhafte der Freude und Zufriedenheit darüber, gut zu sein, was Strafe genug sei.

La Mettrie ist heute fast in Vergessenheit geraten, jedoch seien Ansätze seiner Thesen im Licht der modernen Forschung, so der deutsche Philosoph Holm Tetens, mit anderen Augen zu betrachten. La Mettrie habe nie beabsichtigt, die Maschine Mensch herzustellen, sondern er habe die Erklärbarkeit des Menschen samt seiner Psyche postuliert, was zu seiner Zeit nicht für möglich gehalten wurde. Mit Hilfe der biologischen Psychologie sowie der Hirnforschung sei es aber heute möglich verschiedene, wenn auch bei Weitem nicht alle, Zusammenhänge zwischen körperlichen Gegebenheiten („Stoffeigenschaften und Anordnung der Teile“) und Verhaltensweisen zu erkennen. Was die umstrittene Willensfreiheit angehe, so befinde sich La Mettrie auf einer Linie mit dem Hirnforscher Gerhard Roth. Dessen Lehren haben wir zu Beginn des Kapitels diskutiert.

Auf Grund dessen verliert das Konzept von Verantwortlichkeit, Schuld und Sühne an Gültigkeit, an seine Stelle tritt das Abweichen von Verhaltensnormen, die auf Störungen im Gehirn zurückzuführen sind, die man entweder therapieren kann oder, falls das nicht möglich ist, eine Verwahrung der gestörten Person notwendig machen, um die Gesellschaft zu schützen.

Die Willensfreiheit – ein altmodisches Relikt? Wir sind Substanzen chemischer und physikalischer Art? Was immer wir tun, macht ein Es in uns? Was ist mit unseren Sehnsüchten, mit unserer Liebe? Wenn wir nicht mehr verantwortlich sind für unser Tun, dann können wir machen, was wir wollen? Aber wollen können wir ja auch nicht mehr! Mit welchen Folgen?

Wir finden uns konsequenterweise im der Welt des Absurden wieder. Wie wäre es mit Ionesco? Die Dialoge der Figuren sind abgespulte „ready mades“, deren Oberfläche aussieht, als würden sie kommunikative Ziele verfolgen. Bei näherer Betrachtung erweisen sie sich als sinnfreie Äußerungen, die einer gewissen mechanischen Regelhaftigkeit folgen und die Illusion von einem lebendigen Gespräch hervorrufen: „Die kahle Sängerin“, Auszug aus der siebten Szene: Das Ehepaar Martin ist bei den Smiths zu Gast. Das Gespräch kommt nur schwer in Gang:

Mr. Smith: Hm. Pause.
Mrs. Smith: Hm, hm. Pause
Mrs. Martin: Hm, hm,hm. Pause
Mr. Martin: Hm, hm, hm, hm. Pause
Mrs. Smith: O, gewiß. Pause
Mr. Martin: Wir sind alle etwas heiser. Pause
Mr. Smith: Es ist aber gar nicht kalt. Pause
Mrs. Smith: Es ist gar kein Durchzug. Pause
Mr. Martin: O, zum Glück nicht. Pause
Mr. Smith: Ah, lala-lala. Pause
Mr. Martin: Haben Sie Kummer? Pause
Mrs. Smith: Nein, er hat die Nase voll. Pause
Mrs. Martin: In Ihrem Alter sollten Sie das nicht. Pause
Mr. Smith: Das Herz kennt kein Alter. Pause
Mr. Martin: Stimmt. Pause
Mrs. Smith: Man sagt's. Pause
Mrs. Martin: Man sagt aber auch das Gegenteil. Pause
Mr. Martin: Die Wahrheit liegt zwischendrin. Pause
Mr. Martin: Stimmt. Pause
Mrs. Smith zu den Martins: Sie reisen soviel herum, Sie sollten immerhin etwas zu erzählen haben.
Mr. Martin zu seiner Frau: Sag, Liebling, was hast du heute gesehen?
Mrs. Martin: Es hat keinen Zweck, man wird es mit doch nicht glauben.

Um den Leser nicht wie den Zuschauer des Stücks auf die Folter zu spannen, kürzen wir hier ab und geben das unglaubliche Ereignis ohne die steten Unterbrechungen der neugierigen Gesprächsteilnehmer wieder: Sie sah einen Mann auf der Straße, der seine Schuhbänder gebunden hat!

Die Figuren wirken wie aufgezogen, hilflos floskelhafte Versatzstücke von Rede äußernd, unwissentlich und unwillentlich bestimmte Handlungsmuster vollziehend. In „La Leçon“ bringt der Professor am Ende einer Unterrichtsstunde seine Schülerin um, er ist Wiederholungstäter, seine Haushälterin und er wissen das, die Leiche wird wie die anderen im Keller verscharrt, man kann sich darauf verlassen, dass die Umwelt dem Geschehen keine Beachtung schenken wird, die Morde können nicht verhindert werden, da keiner etwas wissen oder sehen will.

Professor: Ach ja, Marie, ja. Er bedeckt sie (die Leiche). Man riskiert nur, sich schnappen zu lassen ? mit vierzig Särgen... Stellen Sie sich da mal vor... Die Leute werden sich wundern... Wenn man fragt, was da drin ist?
Dienstmädchen: Machen Sie sich doch nicht so viel Sorgen. Man sagt eben, die Särge sind leer. Die Leute fragen auch nicht. Die Leute sind schon daran gewöhnt.
Professor: Trotzdem ?
Dienstmädchen holt eine Armbinde oder ein Fähnchen, auf dem ein beliebiges Abzeichen

zu erkennen ist: So, da nehmen Sie das, da brauchen Sie nichts mehr zu fürchten. So ist es politisch. Sie tut ihm eine Armbinde um oder heftet ihm ein Zeichen an.
Professor: Danke, Mariechen, ja, so kann ich ganz ruhig sein …

Das Stück ist rekursiv aufgebaut, sein Ende (das Läuten der nächsten Schülerin) verweist wieder auf den Anfang des Stücks. Die Figuren handeln nicht, „es" handelt in ihnen. Wir wissen, dass Ionesco mit seinen Stücken auch auf die Barbarei des seelenlosen Nazisystems aufmerksam machen will, in dem die Menschen ihren Willen der Ideologie geopfert und so unglaubliche Verbrechen ermöglicht oder begangen haben. Die Reduktion der Menschen auf ihr mechanisches Funktionieren und die Preisgabe ihrer Willensfreiheit erfährt in der „Kahlen Sängerin" einen ironischen Kontrast: Die Regieanweisung lässt eine Uhr einmal drei- oder fünfmal schlagen (als ob sie es sich aussuchen könnte), ein anderes Mal „schlägt sie so oft, wie sie will". Ob Ionesco la Mettrie gekannt hat? Ob er ein so pessimistisches Bild vom Menschen hatte und einen Status quo beschreiben oder warnen wollte, ist Frage der Interpretation. Wie dem auch sei, die Analogie von Barbarei und fehlender Willensfreiheit ist nicht von der Hand zu weisen und wir sollten diesen Aspekt nicht aus den Augen verlieren, wenn wir neue Erkenntnisse der Hirnforschung bezüglich unseres Menschenbildes hinterfragen. Die kontroversen Positionen zum Thema Willensfreiheit wurzeln in der Aufklärung und sind möglicherweise mit eine Erklärung für unsere Scheu vor Robotern.

Von der Aufklärung zur „Künstlichen Intelligenz" (KI)

In der Forschungsrichtung „Künstliche Intelligenz" (KI) oder „Artificial Intelligence" (AI) oder auch „Intellektik" findet man beide Vorgehensweisen, die wir bisher besprochen haben: Materielle Dinge zum Leben zu bringen, zum Beispiel Computer oder Roboter „lebendig" oder intelligent zu gestalten. Aber auch umgekehrt, menschliches Bewusstsein, Emotionen, Intelligenz und kognitive Fähigkeiten durch „mechanische" formale Erklärungen zu verstehen und nachzugestalten. Diese beiden Vorgehensweisen werden auch als schwache und starke KI-Thesen bezeichnet. Forschern, die sich dem ingenieurmäßigen Vorgehen der schwachen These verschrieben haben, versuchen intelligentes Verhalten nachzubilden; dabei muss nicht notwendigerweise der Mensch als Vorbild dienen. Beispielhaft kann man hier den Flugzeugbau anführen: Erst als man es aufgab, den Vogelflug zu imitieren, und die Gesetzte der Aerodynamik genutzt wurden, ist es dem Menschen gelungen zu fliegen: Moderne Verkehrsmaschinen flattern nicht mit den Flügeln und fliegen trotzdem!

Ersteres, also Maschinen intelligent zu gestalten, haben wir bisher in vielfältigen Beispielen angesprochen. Hierbei ist eine interessante Entwicklung zu verzeichnen: In den Anfangszeiten der KI-Forschung, welche in den USA schon in den 1950er Jahren begann, wurden Roboter entwickelt, die riesigen Computern auf Rädern glichen. Am bekanntesten war Shakey; ein Ungetüm auf Rädern, welches per Kabel oder Funk mit einem Computer (einer Dec 20) verbunden war (Abb. 5.6).

Abb. 5.6 Stanfords Shakey

Shakey konnte sich in einem einfachen Blockswelt-Szenario bewegen, wo er einfache Planungsaufgaben inmitten von Blöcken verschiedener Form und Farbe lösen konnte. Er hatte ein komplettes Modell seiner Umwelt (also der einfachen Blockswelt) gespeichert. Shakey gilt als der Anfang der modernen Robotik und der automatischen Planung von komplexen Aufgaben. Dabei musste der Computer aufwändige logische Kalküle beherrschen; für die Orientierung waren komplexe Bildverarbeitungsalgorithmen notwendig, so dass insgesamt der angeschlossene Computer sehr leistungsfähig sein musste und auch in der Tat gut ausgelastet war. Wurden jedoch Blöcke verschoben, während Shakey sich orientierte oder seine nächsten Aktionen plante, kam er aus dem Tritt – er handelte, als sei nichts geschehen.

In den 1980er Jahren schlug Rodney Brooks, damals ein junger Robotik-Forscher am MIT, vor, Roboter zu bauen, indem man die Evolution der Natur als Vorbild nahm. So wie sich Leonardo da Vinci am Lebewesen orientierte, stützte sich Brooks auf die Evolution von Leben. Landlebewesen haben in der Entwicklungsgeschichte der Erde als Erstes gelernt sich fortzubewegen, Hindernisse zu überwinden und Nahrung zu suchen. Komplexe Handlungsplanungen, mathematische und logische Operationen oder Schachspielen kamen erst in einem sehr viel späteren Stadium der Entwicklung zur Ausprägung. Brooks war davon überzeugt, dass Intelligenz auf der Interaktion von Handlung und Wahrnehmung basiert. Er begann Roboter zu entwerfen, die Insekten glichen, sie hatten sechs Beine, einige Sensoren und äußerst einfache Programme, die die Prozessoren steuerten. Am bekanntesten wurde Geng-

Abb. 5.7 Rodney Brooks Genghis

his, ein „Insekt" mit Infrarot-Sensoren (Abb. 5.7); Genghis konnte seine Umwelt explorieren, es verfolgte andere Lebewesen (bzw. Wärmequellen) und hinterließ einen sehr natürlichen Eindruck. Brooks hatte eine „nouvelle artificial intelligence" kreiert: Körperlichkeit und Situiertheit (in der Umwelt) waren notwendig für intelligentes Verhalten. Die Steuerung der Gliedmaßen war verhältnismäßig einfach; sie bestand aus einer Hierarchie von sehr simplen Regeln, die mittels Timern und einfachen Speichern erweitert wurden; das Zusammenspiel dieser einfachen Automaten wurde durch eine sogenannte Subsumptions-Architektur geregelt. Die Fachwelt war damals erstaunt, dass mit solch einfachen Mitteln derart leistungsfähige Roboter entwickelt werden konnten, Rodney Brooks hat sich etabliert und mittlerweile reisen Roboter nach Brooks Vorbildern als Explorer zu anderen Planeten. Immerhin war es ein Roboterfahrzeug, Sojourner, welches nach der Marslandung 1997 weitgehend autonom die Marslandschaft erkundete. Ein Roboter als Vorbote eines Menschen auf dem Mars! Am Deutschen Forschungszentrum für KI in Bremen werden mittlerweile sehr erfolgreich biologisch inspirierte Roboter für extraterrestrische Missionen, aber auch für Rettungseinsätze in Katastrophengebieten entwickelt.

Die Steuerung dieser Roboter, die sich erst einmal nur fortbewegen, ist einfach; unter Informatik-Gesichtspunkten sind es recht simple Regeln, die die Sensoren des Gefährts abfragen und die Motoren ansteuern. Ganz wesentlich ist dabei die Fähigkeit zu lernen, also aus vorangegangenen Erfolgen, aber auch Misserfolgen das Verhalten zu beeinflussen. Dies mag auf den ersten Blick kompliziert klingen – Lernen, hierzu braucht man Pädagogik und Didaktik und es ist ein langwieriger Prozess! Nicht, wenn man es auf einer technischen oder beim menschlichen Gehirn auf der neuronalen Ebene betrachtet. Wir wissen seit den 1930er Jahren, dass das Gehirn Wissen speichert, indem es Neuronen miteinander verbindet; die Struktur dieser Verbindungen ist sozusagen die Repräsentation des Wissens. Das menschliche Gehirn verfügt dazu über 100 Milliarden Neuronen und 100 Billionen Verbindungen zwischen diesen. Lernen bedeutet nun auf dieser Betrachtungsebene einfach, dass eine Verbindung zwischen zwei Neuronen verstärkt wird, je öfter sie benutzt wird, je öfter also ein Stromfluss zwischen diesen Neuronen stattfindet. Auf diese Weise kann die Struktur des neuronalen Netzes verändert werden. Diese Veränderungen in der Struktur stellen unter neurobiologischer Sichtweise Lernvorgänge dar. Solche künstlich nachgebildeten neuronalen Netze werden mittlerweile in vielen Teilen der Robotik und der Informatik eingesetzt; sie helfen Bilder zu erkennen, Sprache zu verstehen und all das mit Lernen zu kombinieren. Künstliche neuronale Netze sind mathematisch gut untersucht und verstanden und haben spätestens seit den 1980ern die Informatik immens bereichert.

Wir hatten zu Beginn des Abschnittes La Mettries Bestreben, Menschen und ihr Verhalten als Maschinen zu beschreiben, erwähnt. Holm Tetens greift dieses Vorgehen in seinem Buch „Geist, Gehirn, Maschine“ 1994 wieder auf. Er beschreibt darin ein so genanntes neurokybernetisches Modell menschlichen Verhaltens. Er benutzt dazu, ähnlich wie Rodney Brooks dies getan hat, einfache Automaten, die er ganz im Sinne der theoretischen Informatik als sogenannte „endliche Zustandsautomaten“ definiert. Das Ganze wird nun einigermaßen kompliziert hierarchisch angeordnet, so dass damit Verhalten beschrieben werden kann. Mit anderen Worten, wir haben eine mechanische Modellierung des Menschen, bzw. einiger seiner Verhaltensweisen. Holm Tetens diskutiert diese Modellierung aber auch kritisch, indem er anführt, dass das menschliche Gehirn ein äußerst dynamisches System ist, das sich laufend verändert; dies werde jedoch durch sein neurokybernetisches System nicht mitmodelliert. Womöglich lässt er aber dabei die eben diskutierte Art zu lernen außer Acht. Hierdurch kann nämlich durchaus ein dynamischer Aspekt in ein solch einfaches System von Automaten eingebracht werden. Moderne Robotik-Forschung hat sich mehr und mehr verschiedenartige Lernverfahren zu Nutze gemacht, um intelligente Robotersysteme zu schaffen.

In diesem Zusammenhang wollen wir auf einen Einwand eingehen, der sehr oft von Kritikern der KI-Forschung vorgebracht wird. Es sei unmöglich, mit Computern intelligente und autonome Systeme zu schaffen, da Computer schließlich nur wiederabspielen können, wozu sie programmiert wurden. Das Argument ist im Prinzip richtig, wer sagt aber, dass der Computer gänzlich von Menschen programmiert wurde? Der Computer könnte ja auch sein Programm durch Lernen modifiziert haben; er könnte sich selbst „umprogrammiert“ haben, ganz so, wie wir es eben beim Ändern der Verbindungen in neuronalen Netzen diskutiert haben.

Damit wäre eben nicht alles von einem menschlichen Programmierer vorausgeplant und vorausgesehen. Allenfalls die Fähigkeit zum Lernen wäre dem Computer vorgegeben – aber ist das nicht ein Zeichen von Intelligenz? Als ein neurobiologisches Gegenstück zu solch einem elementaren Lernprogram könnte man die Spiegelzellen bei Primaten anführen. Diese Gehirnzellen sind erst 1996 entdeckt worden; sie sind, grob gesagt, dafür zuständig, im Gehirn beim Betrachten eines Gesichtsausdrucks beim Gegenüber ein Aktivationsmuster auszulösen, welches dem gleicht, als würde der Gesichtsausdruck selbst ausgeführt werden. Das Gehirn verhält sich „als-ob“; damit können Begriffe wie Empathie, Emotionen und vieles andere mehr erklärt werden. Spiegelzellen werden aber auch als neurobiologische Basis für Lernfähigkeiten betrachtet – sie könnten unsere „Basisprogrammierung“ darstellen.

Wir sehen also, dass es bezüglich der Maschineninterpretation des Menschen à la La Mettrie eine ganze Reihe höchst interessanter und strittiger Aspekte gibt – wie können Bewusstsein und Emotionen simuliert oder modelliert werden? Man findet eine Vielzahl von Versuchen, diese Aspekte menschlichen Seins zu beschreiben, zu formalisieren und in künstlichen Systemen nachzubilden. In Deutschland ist mit diesem Thema der Bamberger Psychologe Dietrich Dörner sehr bekannt geworden, aber er wurde auch sehr kontrovers diskutiert. Dörner hat in seinem Werk „Bauplan für eine Seele" beschrieben, wie Bedürfnisse, Aufmerksamkeit oder Bewusstsein mittels einfacher Regelmechanismen beschrieben werden können; er hat auch in verschiedenen Simulationsprojekten tatsächlich funktionierende Modelle bauen können. Im Kapitel über die Romantik werden wir uns mit ähnlichen Dingen beschäftigen: Regeln, die Verhalten und Emotionen beschreiben und hervorbringen können.

Aufklärung! – Wie geht es weiter?

Zusammenfassend könnte man sagen, dass mit der Aufklärung ein grenzenloser Optimismus in Bezug auf Wissenschaft, Technik und auch Kreativität in die wesentliche Kultur- und Wissenschaftsgeschichte Einzug gefunden hat. Wir sehen eine spielerische Freude an der Mechanik, an Entwicklungen von mechanischem Spielzeug und auch schon von Androiden. Wir sind an einem Angelpunkt der Kulturgeschichte angekommen, der eigentlich sehr gute Voraussetzungen für eine positive Rezeption des Roboter-Wesens erwarten ließe. Viele Teilgebiete des Forschungsgebietes der Künstlichen Intelligenz lassen sich heute als direkte Fortführung der Ideen aus der Aufklärung auffassen. So gibt es beispielsweise in Anlehnung an Leibniz eine Konferenzreihe, die sich *Calculemus* nennt und die Automatisierung der Mathematik zum (Fern-)Ziel hat; in der Robotikforschung meint man oft die Entwicklungen aus der Aufklärung weitergeführt zu sehen und schließlich erinnert auch so manches aus dem Bereich der Kognitiven Psychologie an La Mettrie.

Der Optimismus der Aufklärung wich einer zunehmenden Skepsis gegenüber der Maschinenwelt.

Die Dichter der Sturm-und-Drang-Zeit setzten der kalten Rationalität Leidenschaft und Gefühle entgegen. Goethe lässt Prometheus von seinem „Heilig glühend(en) Herz(en)" schwärmen, das ihm Schöpfungskraft und Freiheit ermöglichte.

> Wer half mir
> Wider der Titanen Übermut?
> Wer rettete vom Tode mich,
> Von Sklaverei?
> Hast du's nicht alles selbst vollendet,
> Heilig glühend Herz?
>
> „Prometheus" Goethe, 1772–1774

Im 1774 erschienen Briefroman „Die Leiden des jungen Werthers" gefällt sich der Ich-Erzähler darin, seinem natürlichen, von Spontaneität geprägten Wesen eine Karikatur von einem Arzt gegenüberzustellen, der sich offenbar dem Geist der Aufklärung verschrieben hat. Im Brief vom 29. Juni schreibt er von einem „Medikus . . ., der eine sehr *dogmatische Drahtpuppe* ist, unterm Reden seine Manschetten in Falten legt und einen Kräusel ohne Ende herauszupft, fand dieses (das Toben des Erzählers mit Lottes kleinen Geschwistern) *unter der Würde eines gescheiten Menschen*; das merkte ich an seiner Nase. Ich ließ mich aber in nichts stören, *ließ ihn sehr vernünftige Sachen abhandeln* und baute den Kindern ihre Kartenhäuser wieder . . .“

Homunculus

Der reifere Goethe hat im Faust II (Entstehung zwischen 1825 und 1831) die Vision der Schöpfung eines Menschen, die bereits Frankenstein an der Uni Ingolstadt zu verwirklichen suchte, wiederaufgenommen. Nachdem im ersten Teil des Dramas Fausts Versuch, Gretchen aus dem Kerker zu befreien, gescheitert ist, da sie die Ermordung ihres Kindes sühnen will und so gerettet wird, löst sich Faust im zweiten Teil von seiner Vergangenheit und somit auch von seiner biographischen Individualität durch einen Heilschlaf. Durch die Aufhebung der Zeit schöpft er neue Kraft, um für einen Neubeginn gewappnet zu sein. Die Handlung mutiert zu einer Art symbolisch-poetischem Welttheater. Faust betätigt sich im ersten Akt zunächst an der Seite Mephistos als Zauberer an einem Kaiserhof, indem des Kaisers Geldsorgen durch Papiergeld gelöst werden. Da der Hof nach Unterhaltung verlangt, beschwört Faust Helena und Paris herauf, wobei Faust sich sofort in Helena verliebt und in das Geschehen eingreift, was zu einer Explosion und somit zum Ende der Illusion führt. Im 2. Akt begegnet man in einem Laboratorium dem ehemaligen Schüler Fausts, Wagner, der es mittlerweile zum Doktor gebracht hat. Ihm ist es nach mehreren Anläufen unter Mitwirkung des Mephisto gelungen, in einem Reagenzglas ein Menschlein, Homunculus, zu basteln, da er es als unangemessen erachtet, mittels animalischer Triebbefriedigung einen Menschen zu zeugen. Dieses Wesen, ein körperloser Geist, hat die natürliche Zeugung, Erziehung und Bildung eines Geistes übersprungen und ähnelt darin Faust in seiner per Heilschlaf gewonnenen Geschichtslosigkeit. Gleich nach der Geburt manifestiert er einen – durch mittelalterlichen Wust nicht belasteten – Intellekt, mit dem er Wagner und Mephisto überlegen ist. Er erkennt die Vision des träumenden Faust, der die Zeugung Helenas durch die Vereinigung Jupiters mit Leda halluziniert, und schlägt vor, sich – natürlich ohne Wagner, der wird in die Studierstube verwiesen – zur klassischen Walpurgisnacht auf den Weg zu machen, damit Faust zu Helena gelange. Während dieser in das Schattenreich hinabsteigt, geht Homunculus eigene Wege, um seinen Mangel, der ihm durch Fausts Traum bewusst wurde, zu beheben und sein Sein zu vervollkommnen, indem er entsteht. Er wird vom Gespräch der Philosophen Thales (Vertreter des „Neptunismus“) und Anaxagoras (Vertreter des „Vulkanismus“) angezogen, die sich über Weltentstehungstheorien unterhalten: Wasser oder Feuer, langsamer und steter Prozess oder Eruption und Explosion. Homunculus schließt sich Thales an und sie gehen zu Nereus (dem Wassergreis) in die Felsbuchten des ägäischen Meeres. Dieser verweist sie an Proteus, dem Meergott und Gott der Verwandlung, der ihm rät, im Meere mit der Entstehung zu beginnen und damit die Evolution noch einmal von Anfang an zu durchlaufen. Er stürzt sich ins Meer und, als die Meernymphe Galatea (vgl. Seite 12) erscheint, steuert er, von Liebe und Eros erfüllt, auf ihren Muschelthron zu, um daran zu zerschellen. Seine Lebensflamme vermischt sich mit dem Meer, Neptunismus und Vulkanismus gehen eine Bindung ein. Homunculus verliert seine individuelle Existenz, geht in der Verschmelzung mit dem Element auf, wird zu einer künstlerischen Schöpfung, in der sich das Absolute (das Ureine des Neoplatonismus) offenbart wie in der Traumvision der Schöpfung Helenas. Diese wird im 3. Akt aus dem Wasser steigen, Faust wird sich mit ihr verschmelzen und durch sie wird Faust sich nach und nach von Mephisto lösen und am Ende eines langen Weges wird er seine Schöpferkraft wahrnehmen, die durch das Zurücktreten der Individualität und durch Anschauung des Göttlichen eine Einheit zwischen Geist und Natur anstrebt. Er steht für das Streben des Menschen an sich, die Widersprüche seines Seins auszugleichen, aus Vernunft und Gefühl, Geist und Natur eine Synthese in Form einer harmonischen Vollendung herzustellen. Auch wenn er in die Fänge des Teufels gerät und irrt, kann er das Göttliche (Absolute) in sich verwirklichen. Daher wird Faust von Gott erlöst:

„Wer immer strebend sich bemüht, den können wir erlösen."(11936/7)

Homunculus ist funktional eine Art Wegweiser für Fausts Werdegang. Seine Körperlosigkeit und Einseitigkeit, seine reine Geistigkeit sind die These, die der Antithese (Körperlichkeit, Sinnlichkeit, Eros) bedarf, um zur Synthese, zu einem ausgewogenen Maß, zu gelangen. Dies entspricht dem humanistischen Konzept der deutschen Klassiker, die den Menschen zu einem vollkommenen Wesen erziehen wollen, das in Harmonie zu sich selbst lebt und so keinen totalitären oder primitiven Bestrebungen anheimfällt. Dieser idealistische Ansatz verbietet alles, was über das rational Erfassbare hinausgeht, denn das würde die Balance ins Schwanken bringen. Das war u.a. den Romantikern ein Dorn im Auge.

Sie knüpfen daher eher an die Zeit der Stürmer und Dränger an. Auch sie litten unter der Wissenschaftsgläubigkeit und dem Machbarkeitswahn der Aufklärung, die Religion und Spiritualität verbannt hatte. Das mechanistische, auf Vernunft reduzierte Weltbild hat in ihren Augen die Welt erkalten, die Seele verarmen lassen. Die Harmonie von Geist und Seele hat einen Bruch erlitten, der nur durch „Romantisierung" – Novalis: „Die Welt muss romantisiert werden!" – wieder geheilt werden kann. Man wollte wieder Raum für tiefere Empfindungen, das Unbewusste, Unendliche, den Traum, das Wunderbare, das Gefühl, im Weltganzen eingebunden, d. h. geborgen zu sein. Man wollte der Welt den Zauber wiedergeben, der ihr innewohnt, wie Eichendorff in seinem berühmten Gedicht „Die Wünschelrute"(1835) schreibt:

Schläft ein Lied in allen Dingen,
Die da träumen fort und fort,
Und die Welt hebt an zu singen,
Triffst du nur das Zauberwort.

Kapitel 6
Romantik – Die Holzpuppe

Die Atmosphäre im Münchner Kasperltheater kocht: Wird Kasperl es schaffen, das Krokodil zu besiegen? Große Aufregung beim Anblick der spitzen Zähne. Der Polizist kriegt immer wieder eins auf die Mütze. Das entspannt. Die Szenen sind – dem jungen Publikum angepasst (Durchschnittsalter, ohne die Mütter zu mitzuzählen, drei) – äußerst kurz. Wie ein Stehaufmännchen taucht Kasperl wenige Sekunden nach dem Ende der vorangegangenen Szene wieder auf, um ein neues Abenteuer zu wagen, bis – das Stück zu Ende ist. Das kann meine Tochter nicht fassen, sie bleibt beharrlich sitzen. Der Kasperl muss doch wieder kommen! Um sie zu überzeugen, führe ich sie hinter die Bühne: Da liegen sie alle schlapp herum, Holzköpfe mit Kleidern dran! Was für eine Enttäuschung!

„Ein Automaaaaaat! Ein Automaahaaaat! – Weh mir!“: Die Stimme des Sängers lässt keinen Zweifel daran: Jacques Offenbachs Protagonist Hoffmann aus „Hoffmanns Erzählungen“ ist Entsetzen, Erschütterung, Ungläubigkeit, Verzweiflung in einem. Er ist Opfer eines romantischen Super-GAUs geworden. Jäh wurde der in seinen Sehnsüchten taumelnde, schwelgende, sich nach seiner Geliebten Olimpia verzehrende Liebende in den Abgrund der Realität geworfen, denn „Sie (Olimpia) ist schon tot“, sie ist eine mechanisch manipulierte Holzpuppe. Man hat ihm einen schlimmen Streich gespielt und eine Brille verabreicht, die nicht sehend, sondern eher blind macht, blind vor Liebe. Als Olimpia, die „Tochter“ von Professor Spalanzani auf einem Ball der Gesellschaft vorgeführt wird, merkt jeder, dass mit ihr etwas nicht stimmt. Sie trägt ein Lied einfältigen Inhalts, *„Les oiseaux dans la charmille“*, vor, das zweimal unterbrochen wird, da die Puppe neu aufgezogen werden muss. – Ein parodistischer Seitenhieb auf so manche Vortragsweisen diverser Opern- oder Ballettdiven ist nicht zu überhören bzw. zu übersehen. – Hoffmann ist aber beeindruckt und will Olimpia heiraten. Ein schwerer Schlag ist für ihn die Erkenntnis seiner Blindheit. Doch trotz seiner Erschütterung am Ende der Episode geht der Protagonist Hoffmann nicht zugrunde an dieser Erfahrung, er ist auf dem Weg, weitere Liebes- und Lebenserfahrungen zu machen. Auf eine Puppe, die nur „Ach“ und „Ja“ sagen kann, wird er nicht mehr hereinfallen. Vielleicht hat er zuviel hineininterpretiert und nur seine eigenen Wunschvorstellungen wahrgenommen, oder war die ausschließlich optische Ausrichtung zu einseitig? (Wir erinnern uns an den Pygmalion-Effekt aus der Antike.) Der junge Hoffmann wird sich mit

U. Barthelmeß, U. Furbach, *IRobot – uMan*,
DOI 10.1007/978-3-642-22928-2_6, © Springer-Verlag Berlin Heidelberg 2012

Abb. 6.1 MITs Kismet

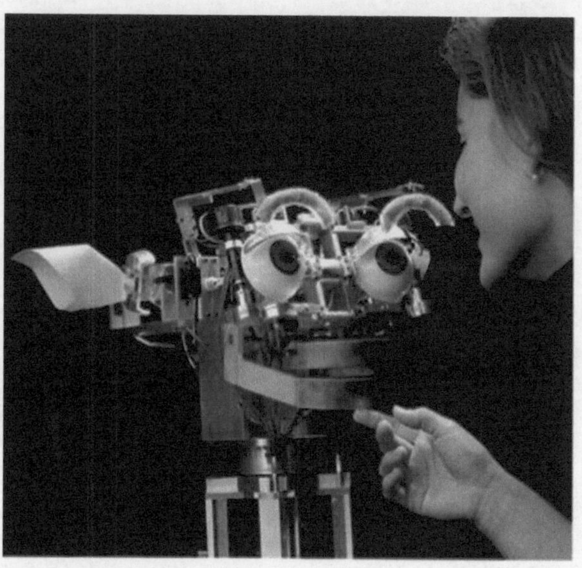

noch anderen Fallstricken der Liebe herumquälen müssen, bis er auf die Liebe verzichten und sich der Muse, sprich der Kunst, verschreiben wird.

Einen ähnlichen Effekt kann man bei Experimenten beobachten, die Cynthia Brazeal während ihrer Doktorarbeit am MIT in Boston durchgeführt hat. KISMET ist ein Roboterkopf, der alles andere als menschenähnlich ist (siehe Abb. 6.1). Seine Mechanik liegt völlig bloß, er hat unförmige Lippen, Augen und Brauen, Ohren, die eher an Tierohren erinnern; er kann den Kopf in zwei Freiheitsgraden bewegen. Alles in allem ein eher drolliger, keineswegs menschlicher Anblick.

Der Kopf kann brabbeln, also so tun, als spräche er; er beherrscht keine natürliche Sprache, kann aber sehr wohl die Satzmelodie seines Gegenübers imitieren. Sagt man etwas in einem lustigen, lachenden Tonfall zu Kismet, antwortet er mit Brabbeln in genau demgleichen Tonfall. Darüberhinaus kann Kismet die Mimik seines Gegenübers mit Hilfe seines Mundes, seiner Augenbrauen und Ohren nachahmen und den sich bewegenden „Gesprächspartner" mit seinen Kamera-Augen fokussieren. Setzt man nun Versuchspersonen vor KISMET und lässt sie ohne weitere Anweisungen mit dem Roboterkopf kommunizieren, kann man beobachten, dass sich eine Art Verständnis zwischen den beiden „Kommunikationspartnern" einstellt.[1]

Befragungen nach diesen Gesprächen ergaben, dass KISMET durchaus Verständnis, ja sogar emotionales Verhalten unterstellt wurde. Es sieht so aus, als entstehe die Emotion auch im Betrachter, im Kommunikationspartner. Sowohl KISMET als auch Olimpia haben keine Emotionen, sie handeln nicht emotional; vielmehr empfindet der andere so. Weiter unten werden wir ein ähnliches Phänomen

[1] Auf die Tatsache, daß solche emotionale Kommunikation trotz Kismets technischen Aussehens auftreten können, gehen wir in Kap. 11 genauer ein.

unter dem Schlagwort „synthetische Psychologie“ schildern und die ihm zugrunde liegenden Mechanismen genauer beschreiben.

Zurück zum Verhältnis von Roboter zu Mensch in der Romantik, zum Protagonisten E.T.A. Hoffmanns, Nathanael, aus der Erzählung „Der Sandmann“. Der junge Held glaubt sich wie viele seiner romantischen Kollegen seit seiner Kindheit im Banne einer geheimen Macht, die ihm Verderben bringt. Diese findet vorläufig Gestalt im Sandmann, einem Wesen, das Kindern die Augen ausreißt. Den unheimlichen Advokaten Coppelius, der mit seinem Vater alchemistische Experimente durchführt, die dessen Tod bewirken, meint Nathanael später in Coppola, einem Wetterglashändler, wiederzuerkennen, was in ihm düstere Ahnungen weckt. Er befürchtet, Coppelius wolle sein Liebesglück mit Klara, seiner Verlobten, stören, sinniert über Coppelius’ und Klaras Augen und steigert sich in düstere Gedanken hinein. Da Klara seiner Grübeleien und Fantastereien überdrüssig wird, sie als „Phantome des eigenen Ich“ abtut und immer abweisender wird, beschimpft Nathanael sie als „lebloses Automat“. Der zunehmenden Entfremdung des Paares kann durch eine Versöhnung noch einmal Einhalt geboten werden.

Als Nathanael zu seiner Wohnung kommt, findet er sie abgebrannt vor. Er zieht genau gegenüber von Professor Spalanzani und dessen Tochter Olimpia ein. Als er diese durch eine der Brillen betrachtet, die Coppola ihm angeboten hat, belebt sie sich auf faszinierende Art und Weise. Auf dem drei Tage später stattfindenden Ball, auf dem Olimpia der Öffentlichkeit vorgeführt wird, verliebt Nathanael sich unsterblich in sie. Er verbringt täglich ein paar Stunden bei ihr. Bei dieser Gelegenheit liest er ihr aus seinen Gedichten und Erzählungen vor, die – im Gegensatz zu Klara – bei Olimpia auf keinerlei Kritik stoßen, sie kommentiert recht einsilbig und beifällig mit monotonem „Ach“ und „Oh“, was er aber als äußerst tiefsinnig und poetisch einschätzt.

Als er zufällig Zeuge eines Streits zwischen Spalanzani und Coppola wird und erfährt, dass Olimpia eine leblose Puppe ist, verfällt er in wahnsinnige Wut, würgt den Professor und wird in ein Irrenhaus gebracht.

Nach einer gewissen Zeit scheint Nathanael geheilt und wird von Klara abgeholt. Er beschließt, mit ihr auf einen Aussichtsturm zu gehen, entdeckt von dort aber durch Coppolas Glas Coppelius, wird wieder vom Wahnsinn gepackt, versucht Klara vom Turm zu werfen, woran ihn ihr Bruder gerade noch hindern kann, und stürzt sich dann selbst hinab. Nathanael hat aus seinem Wahn nicht mehr herausgefunden. Die bösen Mächte, ob eingebildet oder nicht, haben ihn fest im Griff. Klara, die klar Sehende, die Aufgeklärte – nomen est omen –, findet ein paar Jahre später ihr Glück.

Während die Aufklärung es sich zur Aufgabe machte, die reale Welt unter die Lupe zu nehmen, ist es ein Prinzip der Romantik, die wahre Welt erst hinter der realen Welt zu sehen, nach dem zu suchen, was sich dem normalen Durchschnittsbürger entzieht: das Abgründige, Unerreichbare, Unfassbare, Unbewusste, Unheimliche, Unendliche, Ferne. Daher spielen die Augen eine wichtige Rolle, sie erlauben den Blick hinter die vordergründige Fassade in die unendliche Tiefe oder Weite. Der Philister oder Spießbürger gibt sich mit der Oberfläche ab, kennt nicht den Zauber des Verborgenen und ist daher der Antagonist des Romantikers.

E.T.A. Hoffmann weicht mit seiner Erzählung vom klassischen Schema der Romantik ab. Die Brille, das zweite Augenpaar, ist kein Medium der Blickvertiefung, sondern das der Täuschung, der Verengung. Kindheitstraumata verleiten den Helden dazu, seinem Hang nach düsteren Gedanken und Visionen nachzugeben. Seine einmal fehlgeleitete und festgefahrene Betrachtungsweise macht es den bösen Magiern leicht, ihr makaberes Spiel mit ihm zu spielen. In seiner Verblendung und Ich-Bezogenheit bezichtigt er paradoxerweise die lebendige, vitale Klara, die ihm die Augen öffnen will, ein „lebloses Automat" zu sein, während er der Holzpuppe, die ihn scheinbar bestätigt, Poesie und Tiefsinn zuschreibt.

Es wäre eine arge Einschränkung der poetischen Dimension dieser Erzählung, sie als bloße Warnung vor falsch verstandener Romantik zu verstehen, auch wenn dies zu E.T.A. Hoffmann, der den Boden der Realität nie ganz verlässt, passt, ein Faktum übrigens, das Offenbachs Version des Stoffes Recht gibt.

Der Angelpunkt in der Erzählung ist das Phänomen „Automat" (damals hieß er entweder „die Automate" oder „das Automat"), dessen Entwicklung fasziniert, aber auch skeptisch verfolgt wurde. E.T.A. Hoffmann bedient sich dieser ambivalenten Haltung seiner Zeitgenossen, um seiner Erzählung den für die Schwarze Romantik unentbehrlichen Schauereffekt zu geben. Der Automat ist der Gegenpol der sublimen romantischen Seele, die nach dem Unendlichen strebt, als Objekt der wahren Liebe also völlig ungeeignet, gibt aber zugleich Raum für Spekulationen über die Realität der Wahrnehmungen (unser Sehvermögen), wodurch ein wichtiges romantisches Thema gestaltet werden kann, und eignet sich letztlich zur Erzeugung komischer Effekte, was E.T.A. Hoffmanns Hang zur Ironie entgegenkommt.

Synthetische Psychologie

An einem sehr einfachen technischen Beispiel soll hier verdeutlicht werden, was hinter dem beobachtbaren Verhalten, also im Inneren eines Automaten verborgen sein kann, welches im Stande ist, so etwas wie komplexes und emotionales Verhalten zu erzeugen. Während bei Olimpia in Hoffmanns Erzählungen oder auch bei KISMET, dem Roboterkopf, aufgrund der Menschenähnlichkeit ein gewisser Hang zur Identifikation beim Betrachter auftreten könnte und dadurch womöglich Emotionen zustande kommen, wollen wir nun ein kleines Gedankenexperiment durchführen, wo dieser Effekt sicher nicht auftreten kann. Wir wählen ein äußerst simples und sehr technisches Szenario, welches Valentino Braitenberg in einem wunderbaren Büchlein mit dem Titel „Vehicles – Experiments in Synthetic Psychology" beschrieben hat.

Wir bauen uns Fahrzeuge, die mit je zwei Antrieben und zwei Sensoren ausgestattet sind. Stellen wir uns kleine Boote vor, die durch seitlich angebrachte Schaufelräder angetrieben werden. Gelenkt werden die Fahrzeuge, indem die Schaufelräder sich mit verschiedenen Geschwindigkeiten drehen. Ist das rechte Rad schneller als das Linke, wendet sich das Gefährt nach links; im umgekehrten Fall nach rechts (siehe Abb. 6.2). Wir bauen die Boote so, dass jedes Rad seinen eige-

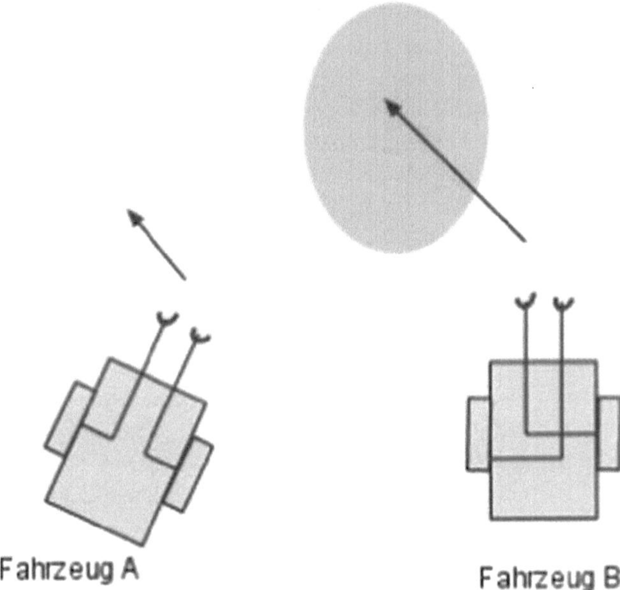

Abb. 6.2 Braitenbergs Fahrzeuge mit exhibitorischer Motorsteuerung

nen Antriebsmotor hat. Gesteuert werden die Motoren über Sensoren, zum Beispiel Temperaturfühler; die Kopplung bewirkt, dass der Motor schneller dreht, je mehr Wärme der Sensor meldet. Nun haben wir verschiedene Möglichkeiten der Verschaltung der Sensoren: bei Fahrzeug A ist die Kopplung direkt, bei Fahrzeug B ist sie über Kreuz. Die ovale Fläche in folgender Skizze deutet eine Wasserregion an, die wärmer als ihre Umgebung ist.

Wie verhalten sich die beiden Fahrzeuge, wenn sie sich in leichter Fahrt an den skizzierten Positionen befinden, sich also dem Wärmegebiet nähern? Der rechte Sensor von Fahrzeug A ist näher an der warmen Region im Vergleich zum linken Sensor. Demnach wird der rechte Motor stärker beschleunigt als der linke; als Folge macht das Boot eine Linksdrehung, die Sensoren entfernen sich von der warmen Region, wodurch das Boot wieder geradeaus weg von der Region fährt, bis es irgendwann einer weiteren warmen Region „ausweichen“ muss. Ganz anders Fahrzeug B, mit gekreuzter Kopplung: Der linke Sensor ist näher an der Wärme als der rechte, also dreht der Motor rechts schneller, B dreht sich in Richtung Wärme, nähert sich, wodurch beide Motoren beschleunigen und das Fahrzeug schnell durch die warme Region gleitet.

Was aber sieht der Beobachter am Wasserrand, der nichts über den technischen Aufbau der Fahrzeuge weiß? Eines der Fahrzeuge ist ängstlich, wendet sich ab von der Region, sobald es ihr zu nahe kommt und entfernt sich zögerlich. Das andere Fahrzeug ist aggressiv, es beschleunigt und nähert sich schnell der Region, sobald es in deren Nähe kommt. A ist ängstlich, B ist tapfer oder aggressiv.

Eine leichte Modifikation des Bauplanes lässt noch weiteres Verhalten zu. Bisher haben die Sensoren die Motoren beschleunigt; jetzt bauen wir eine inhibitorische Kopplung ein. Höhere Temperatur am Sensor bremst den Motor; fällt die Temperatur ab, wird der Motor beschleunigt. Wieder haben wir zwei Versionen, Fahrzeug C mit direkter und Fahrzeug D mit gekreuzter Verbindung (siehe Abb. 6.3).

Nähert sich C der Wärmequelle, dreht der weiter entfernte Sensor, also der linke, den Motor schneller, das Fahrzeug dreht sich zur Quelle, je näher es kommt, desto langsamer drehen die Motoren, bis C schließlich direkt vor der Quelle verharrt. D wird ebenfalls langsamer, je näher es der Quelle kommt, dreht sich dann aber weg, wodurch die Motoren wieder beschleunigen und das Fahrzeug weiterzieht.

Beide Vehikel haben offenbar das Bedürfnis, mehr Zeit in der Nähe der Quelle zu verbringen. Fahrzeug C verharrt sogar regungslos vor der Quelle, solange bis irgendeine Änderung an der Temperaturverteilung vor den Sensoren es wieder in Bewegung setzt. D dagegen zieht in die Nähe der Quelle, wird dort langsamer, macht sich aber wieder auf den Weg, um eine neue Quelle zu finden. C ist verliebt, verharrt in grenzenloser Bewunderung, D ist ebenfalls ein Bewunderer der Quelle, jedoch ein wenig flatterhafter.

Stellen wir uns nochmals an den Rand unseres Teichs, in dem sich eine Gruppe unserer Fahrzeuge tummelt. Wir nehmen ein recht lebendiges Völkchen wahr, wir sehen Aggression, Feigheit, Liebe und Bewunderung; insgesamt ein reges und lebendiges Hin und Her. Wir wissen, was im Inneren der kleinen Roboter vorgeht – nichts als Verstärkung oder Abschwächung des Antriebs, abhängig von einem Sensor.

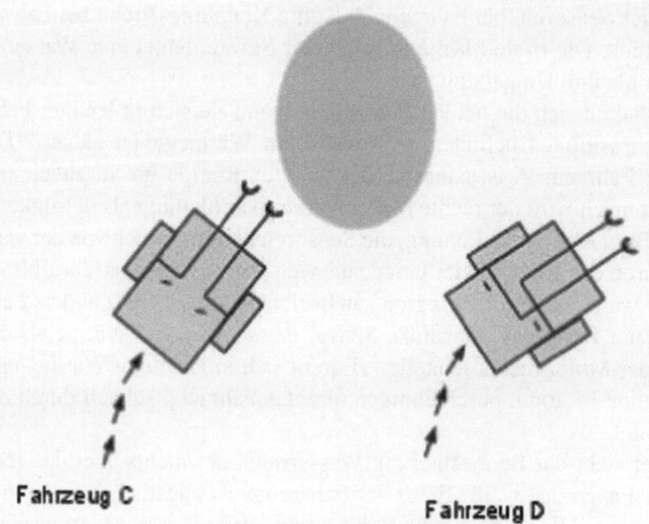

Abb. 6.3 Braitenbergs Fahrzeuge mit inhibitorischer Motorsteuerung

Viele Romantiker stehen zunächst auch am Rand des Teiches und sind fasziniert vom Widerspruch des Automaten, der scheinbar materiell ist und wie ein belebtes Wesen agiert. Sie fallen auf den Trick zeitweise herein und fühlen sich in Frage gestellt; im Laufe der Handlung vieler sich um den Automaten drehenden Geschichten wird jedoch die plumpe Körperlichkeit, auf die sich diese Wesen letztendlich reduzieren, entlarvt und vorgeführt. Das Selbstwertgefühl des bewusst lebenden und agierenden Menschen wird so wiederhergestellt, er fühlt sich dem Automaten überlegen.

Bewusstsein

Eine verblüffende Umkehrung dieses Aspekts gelingt Kleist in seinem Essay „Über das Marionettentheater" mit der These, dass gerade die Bewusstheit des Menschen ein Störfaktor sein kann, der ihn daran hindert, „ideal" zu sein, vollkommene Grazie, Anmut, zu verkörpern, während hölzerne Puppen gerade wegen ihrer geschmähten Materialität dem Menschen überlegen sind.

Die Bewegungen der Marionetten, die quasi schwerelos („antigrav") sind, den Boden eher streifen, als auf ihm stehen, stellen einen Idealfall von Anmut her, da der Schwerpunkt der Bewegungen automatisch der richtige ist, da er nicht vom Bewusstsein manipuliert wird. Diese natürliche, rein auf den Gesetzen der Schwerkraft beruhende Grazie geht den Menschen ab, da sie sich ihrer selbst bewusst sind, sich beobachten, sich auch beobachtet fühlen und ihre Bewegungen darauf einstellen. Dieses Posieren („Zieren") ist den Puppen fremd.

Zwei Beispiele veranschaulichen diese Beobachtung. Ein schöner junger Mann nimmt unbewusst die Haltung der berühmten klassischen Skulptur des „Dornenausziehers" ein. Darauf aufmerksam geworden, versucht er diese Pose zu wiederholen. Das gelingt ihm aber nicht, weil er seine Glieder mit Hilfe seiner Erinnerung bzw. seines Bewusstseins entsprechend positionieren will. Die Haltung wirkt verkrampft, er findet nicht den Mittelpunkt, der sich beim zufälligen Einnehmen der Position automatisch einstellte.

Ein Fechter bekommt die Gelegenheit, sich im Zweikampf mit einem Bären zu messen. Dem Bären stehen nur seine Tatzen zur Verfügung, die er automatisch richtig, seinem inneren Gefühl für den natürlichen Schwerpunkt seiner Bewegungen vertrauend und nicht auf die Finten und Tricks des Fechters achtend, einsetzt, wodurch der Fechter völlig chancenlos ist.

Auch hier ist die Bewusstheit ein Handicap.

Nach Kleist steht zwischen den Polen des absoluten, vollkommenen Bewusstseins, das Gott repräsentiert, und des Bewusstlosen, das die Puppe verkörpert, der Mensch, der von beidem etwas hat, die Materialität der Puppe und Bewusstsein, das ihm eine Ahnung von Gott verleiht.

Das Bewusstsein, auf das wir Menschen so stolz sind, ist ein Störfaktor nicht nur für die Anmut, sondern auch die künstlerische Produktion. Das jedenfalls behaupten die in der Tradition der Romantiker stehenden Dadaisten und Surrealisten, auf die wir in Kap. 9 über das 20. Jahrhundert noch ausführlicher zu sprechen kommen. André Breton, der Papst der Surrealisten, gibt im Ersten Surrealistischen Manifest (1924) Anweisungen zur „Écriture automatique", dem automatischen Schreiben, das unbewusst und quasi „an der Schwelle des Traumes", unzensiert und unter Ausschaltung des bewussten Gestaltens in einer Art Dämmerzustand erfolgen soll:

> Lassen Sie sich etwas zum Schreiben bringen, nachdem Sie es sich irgendwo bequem gemacht haben, wo Sie Ihren Geist soweit wie möglich auf sich selbst konzentrieren können. Versetzen Sie sich in den passivsten oder den rezeptivsten Zustand, dessen Sie fähig sind. Sehen Sie ganz ab von Ihrer Genialität, von Ihren Talenten und denen aller anderen. Machen Sie sich klar, daß die Schriftstellerei einer der kläglichsten Wege ist, die zu allem und jedem führen. Schreiben Sie schnell, ohne vorgefaßtes Thema, schnell genug, um nichts zu behalten, oder um nicht versucht zu sein, zu überlegen. Der erste Satz wird ganz von allein kommen, denn es stimmt wirklich, daß in jedem Augenblick in unserem Bewußtsein ein unbekannter Satz existiert, der nur darauf wartet, ausgesprochen zu werden. (...) Fahren Sie so lange fort, wie Sie Lust haben. Verlassen Sie sich auf die Unerschöpflichkeit des Raunens. Wenn ein Verstummen sich einzustellen droht, weil Sie auch nur den kleinsten Fehler gemacht haben: einen Fehler, könnte man sagen, der darin besteht, daß Sie es an Unaufmerksamkeit haben fehlen lassen – brechen Sie ohne Zögern bei einer zu einleuchtenden Zeile ab. Setzen Sie hinter das Wort, das Ihnen suspekt erscheint, irgendeinen Buchstaben, den Buchstaben l zum Beispiel, immer den Buchstaben l, und stellen Sie die Willkür dadurch wieder her, daß Sie diesen Buchstaben zum Anfangsbuchstaben des folgenden Wortes bestimmen. (André Breton: Die Manifeste des Surrealismus „Manifestes du surréalisme". Rowohlt, Reinbek 2004)

Hans Arp nennt einige seiner Skulpturen „automatisch", er lässt sich von seiner Intuition und vom Zufall leiten:

> Ich überlege nicht. Während ich arbeite, entstehen freundliche, seltsame, böse, unerklärliche, stumme, schlafende Formen. Sie bilden sich wie ohne mein Zutun. Ich glaube, nur die Hände zu bewegen. (Quelle: Rolandseck)

Der Automat bzw. das Automatische kann also sowohl als Furcht einflößender Antipode der menschlichen Seele als auch als absolutes Ideal der Grazie und des künstlerischen Schaffens gesehen werden – eine Frage der Blickrichtung.

Haben wir bisher Bewusstsein durch die Brille des Künstlers betrachtet, soll nun ein kurzer Ausflug in die Wissenschaften unternommen werden. In der Philosophie wird der Begriff natürlich untersucht und diskutiert. Hier spricht man auch von „Qualia" und beschreibt damit das Erlebte eines mentalen Zustandes oder Vorganges. Wir wissen, wie es sich anfühlt, wenn wir einen Finger ins heiße Wasser stecken, oder wie es ist, das Blau des Himmels zu sehen. Qualia bezeichnen das sogenannte phänomenale Bewusstsein; unter Bewusstsein verstehen wir mehr – damit wird auch die Fähigkeit zu kognitiven Leistungen oder Selbstbewusstsein bezeichnet. Qualia ist eine Art Bewusstsein, das wir auch nichtmenschlichen Lebewesen zusprechen, es ist ein Teil des Bewusstseins, der keine Sprache voraussetzt. Kann dies auch künstlichen Wesen zugeschrieben werden?

Natürlich ist dies ein viel diskutiertes Problem: Roger Penrose, ein sehr renommierter britischer Mathematiker und theoretischer Physiker hat sich auch zu diesem Problem geäußert. Seine These ist, dass Bewusstsein nicht durch künstliche formale Systeme erreichbar sein kann. Dazu bedient er sich eines Resultates des österreichischen Logikers Kurt Gödel, dem sogenannten Gödelschen Unvollständigkeitssatz. Gödel hat dieses Resultat 1929 gefunden, zu einer Zeit als in philosophischen und mathematischen Kreisen heftig darüber diskutiert wurde, ob und wie die gesamte Mathematik formalisierbar sei; formalisierbar in dem Sinne, dass alle wahren Aussagen algorithmisch hergeleitet werden können. Man würde dann sozusagen keine mathematische Intuition mehr benötigen, man könnte alle Theoreme der Mathematik herleiten, also berechnen. Wir erinnern uns an die „Calculemus–Vision" des Aufklärers Leibniz! Nun hatte der junge Logiker Gödel die Mauern der Mathematik gehörig ins Wanken gebracht, indem er nämlich bewies – formal mit Mitteln der Logik – dass dies unmöglich ist. Jedes hinreichend komplexe formale System, welches korrekt ist, kann nicht alle wahren Aussagen herleiten. Wichtig ist dabei, dass dies nur für korrekte Systeme gilt, Systeme also, die wirklich nur wahre Aussagen erzeugen – nimmt man sozusagen Fehler des Systems in Kauf, kann man vollständig werden; aber inkorrekte Systeme möchte man in der Mathematik und der Logik nicht untersuchen! Penrose argumentiert nun, dass das menschliche Gehirn mehr sein muss, als ein formales Verfahren zur Erzeugung wahrer Aussagen. Das menschliche Gehirn könne nicht als ein formales System mechanisierbar sein, da Mathematiker ja den formalen Beweis des Gödelschen Satzes verstehen können, sie sind also mächtiger als ein formales oder algorithmisches System: sie haben Bewusstsein. Penrose versucht dann aber auch die Begriffe „Geist" und „Bewusstsein" mittels sehr subtiler, weitgehend noch unbekannter quantenpysikalischer Effekte zu beschreiben – mittlerweile wird diese Theorie von den meisten Wissenschaftlern nicht unterstützt.

Ganz anders dagegen der Technologe und Futurist Ray Kurzweil: Seit Ende der 1990er Jahre sagt er das Zeitalter der intelligenten Maschinen voraus; er proklamiert eine Form des Transhumanisimus und der technologischen Singularität. Unter Singularität wird hier der Punkt verstanden, wo die Künstliche Intelligenz so mächtig wird, dass sie den technischen Wandel so beschleunigt, dass es zu einem Bruch in der Geschichte der Menschheit kommt. Kurzweil hat seit Ende der 1990er eine Reihe von Aussagen über Technologien der Zukunft gemacht; einige sind ziemlich akkurat eingetroffen. Er hat die Verbreitung von kabellosen Verbindungen für Computer und Peripherie-Geräte vorausgesehen, die Benutzung von Tablet-PC und elektronischer Tinte und auch interaktive Dokumente, wie wir sie von unserem iPad und Smartphone mittlerweile kennen, hatte er vor vielen Jahren visionär vorhergesagt. Für 2029 sagt er voraus, dass eine künstliche Intelligenz den Turing-Test (vgl. Seite 13) bestehen wird. Kurzweil argumentiert in diesen Voraussagen mittels des „Moor'schen Gesetzes": Wir stellen nämlich seit Beginn des Computerzeitalters fest, dass sich die Leistungsfähigkeit der Computer-Hardware alle zwei Jahre verdoppelt. Ein solches exponentielles Wachstum kann natürlich zu erstaunlichen Effekten führen – vorausgesetzt die Entwicklung der Software kann mit dem Anwachsen mithalten. Kurzweil denkt diese Entwicklung konsequent weiter und kommt so zu dem Schluss, dass künstliche Gehirne in der Zukunft konstruiert werden können, die sehr viel leistungsfähiger als das menschliche Gehirn sein werden,

Natürlich wird Bewusstsein auch in den Neurowissenschaften untersucht. Hier stehen die Begriffe „Emotionen“, „Bewusstsein“ und „Gedächtnis“ im Mittelpunkt. Über Emotionen hatten wir zu Beginn dieses Abschnittes bereits unter dem Schlagwort „Synthetische Psychologie“ diskutiert; zur Gedächtnisforschung gibt es vielfältige Aspekte. Zum einen weiß man relativ genau, wie das Gehirn des Menschen, aber auch das von nichtmenschlichen Primaten funktioniert. Damit ist jedoch eine Art „technisches Funktionieren“ beschrieben: Wir wissen genau, wie die einzelnen Zellen, die Neuronen, aufgebaut sind, wir wissen auch, wie die Zellen mittels elektro-chemischer Prozesse miteinander verschaltet sind, und auch über eine neurologische Sichtweise des Lernens und des Wissenserwerbs gibt es tiefgreifende wissenschaftliche Ergebnisse. Wir haben sogar sehr gute mathematische Modelle über das Funktionieren des Gehirns, allerdings nur auf einer neurologischen Ebene. Sobald wir uns kognitionspsychologische Fragen stellen – etwa, wie werden Fähigkeiten (im englischen „skills“) erworben und im Gedächtnis repräsentiert, oder wie arbeiten räumliches Vorstellungsvermögen mit anderen Teilen des Gedächtnisses zusammen – kommen wir recht schnell an die Grenzen der momentanen wissenschaftlichen Erkenntnis. Neurowissenschaftler und Neurologen untersuchen die Grenzen des Bewusstseins,[2] sie loten die Leistungsfähigkeit der Sinne aus und sie untersuchen die kognitiven Fähigkeiten von Menschen mit Beschädigungen des Gehirns. Insgesamt könnte man die Aufgabe damit vergleichen, dass man die Funktionsweise eines modernen leistungsfähigen Computer versucht zu verstehen, indem man seine einzelnen Bausteine vermisst, elektrische Potentiale notiert und den einzelnen Teilen der Schaltkreise Bedeutung zumisst. Dem Problem, die Programmierung des Systems zu verstehen, sein Verhalten vorherzusagen, kommt man auf diese Weise nur sehr schwer näher. Wir werden später noch einmal über Methoden der Künstlichen Intelligenz und der Kognitionsforschung sprechen und dabei detaillierter auf künstliche neuronale Netze zur Modellierung von Lernen und Wissen eingehen.

Zum Abschluss des Kapitels noch einmal ein Ausflug in die Psychologie: Während wir bei Braitenbergs kleinen Fahrzeugen eine recht technische Architektur zu Grunde legten, um so Emotionen – zumindest beim Betrachter einer Szene aus Abb. 6.2 oder 6.3 – zu erzeugen, haben Fritz Heider und Marianne Simmel in ihrer Studie aus dem Jahr 1944 eine noch einfacheres und eleganteres Experiment durchgeführt. In einem kleinen Zeichentrickfilm haben sie die Dreiecke und den Kreis in Abb. 6.4 sich bewegen lassen. Versuchspersonen haben den Film angeschaut und kommentiert; dabei wurden emotionale und spannende Geschichten „gesehen“: z. B. ein Dreieck, welches in den Kreis „verliebt“ ist, wird vom anderen „bösen“ Dreieck daran gehindert, beim Kreis zu sein. Die meisten Versuchspersonen haben in den einfachen geometrischen Figuren menschliche Handelnde in komplexen Szenerien gesehen. Das Experiment aus dem Jahr 1944 gilt als eines der klassischen Experimente, welches die kognitive Psychologie als wissenschaftliche Disziplin

[2] Dies ist auch der Titel eines Buches des Neurowissenschaftlers Ernst Pöppel, DVA 1985.

Abb. 6.4 Heider-Simmels Experiment zur Attributionsforschung

mitbegründet hat. Einen ähnlichen Effekt hat sich sicher auch der Schweizer Künstler Jean Tinguely zunutze gemacht, als er seine bewegten Objekte entwarf; Betrachter der sich bewegenden Skulpturen projizieren sicherlich auch Menschliches in die mechanischen Objekte (vgl. Abb. 9.6 auf Seite 83).

Kapitel 7
Romantik – Frankenstein

Hinter der Milchglasscheibe unserer Wohnzimmertür ließen sich Konturen erkennen, die der verzerrten Silhouette eines Menschen gehören könnten. Wenn man noch ein bisschen mit dem Kopf wackelte, fing das Wesen an sich zu bewegen. Es kam nicht näher, es wartete noch. Worauf? Um uns Kinder zu überfallen? Wenn es doch käme, dann hätten wir es ausgestanden. Es will uns mit seiner abwartenden Haltung quälen! Wir hatten uns eingestimmt auf einen Abend für Schauergeschichten, denen wir dann lustvoll andächtig lauschten, auch wenn wir sie schon in- und auswendig kannten, bis sich keiner mehr aufs Klo traute, denn er oder es stand noch immer hinter der Türe.

Im vorhergegangen Abschnitt haben wir über die deutsche Romantik und Automaten gesprochen. Hier soll nun Frankenstein als Phänomen der Romantik behandelt werden. Frankenstein: Sofort taucht das Bild eines monströsen hässlichen Wesens auf, welches je nach Alter von verschiedenen Filmversionen geprägt ist. Man denkt dabei an nächtliche Raubzüge des Protagonisten, um Leichenteile aus frischen Gräbern zu entwenden, an das Labor des Wissenschaftlers in einer alten Burg während einer Gewitternacht, an die elektrischen Entladungen, die spektakulär mittels Blitzableiter erzeugt werden, und schließlich an die „Geburt" des Monsters – wodurch das Unheil seinen Lauf nimmt.

Nichts davon ist in der Romanvorlage von Mary W. Shelley aus dem Jahre 1818 zu finden. Ihre Erzählung „Frankenstein oder Der moderne Prometheus" wird als Musterbeispiel der englischen Gothic Novel, einer Art Schauerroman, ein Genre der Romantik, erachtet. Allenfalls die Idee, mittels elektrischer Energie Leben zu schaffen, ist in Shelleys Roman erwähnt, wenn auch nur in der Einführung. Hier beschreibt sie nämlich die Motivation zu ihrem Roman und erwähnt Diskussionen über galvanische Experimente von Dr. Darwin (dem Großvater von Charles Darwin), der zu jener Zeit einer der führenden Naturforscher war; eine Nudel wurde dabei durch Stromstöße in Zuckungen versetzt, zum Leben gebracht. Trotz dieser Motivation wird im gesamten Roman kein einziges Mal erwähnt, wie das Monster zum Leben erweckt wird. Victor Frankenstein ist ein junger Schweizer Student, der in Ingolstadt, einer der damaligen Hochburgen der europäischen Naturwissenschaften, studiert. Schon bald fällt er durch seine hervorragende Leistung auf und in der Tat entdeckt er das Geheimnis, Leben zu schaffen. Victor Frankenstein erschafft ein

U. Barthelmeß, U. Furbach, *IRobot – uMan*,
DOI 10.1007/978-3-642-22928-2_7, © Springer-Verlag Berlin Heidelberg 2012

Wesen, ohne dass darauf eingegangen wird, wie er dies bewerkstelligt. Das Wesen ist äußerlich sehr hässlich und Frankenstein ist entsetzt über seine Schöpfung. Das Monster bleibt im gesamten Roman namenlos; sein Wesen jedoch ist sehr eloquent und emotional; es wird erst durch die Ablehnung durch seinen Schöpfer und später auch durch die Gesellschaft böse und gewalttätig. Dies ist durchaus bemerkenswert – das Wesen ist nicht von Beginn an böse, es wird böse durch sein Umfeld, durch den sozialen Kontext.[1] Es fühlt sich einsam und unverstanden, schließlich ringt es Victor Frankenstein das Versprechen ab, ihm eine Gefährtin zu schaffen. Frankenstein bedauert sofort dieses Zugeständnis; er empfindet Angst, er bereut seine frevelhafte Schöpfung – er spürt, dass er Unheil über die Welt gebracht hat. Immer wieder findet Frankenstein nun Trost in der Natur; wunderbares Erleben der alpenländischen Bergwelt, des Genfer Sees und schließlich auch des Rheinlandes und Schottlands kann Frankenstein nicht vergessen lassen. Schließlich sucht er das Heil in der Ferne. Nach seinem Versprechen, erneut Leben zu schaffen, bricht er auf zu einer Reise von der Schweiz durch Deutschland nach England und Schottland. Das Prinzip Romantik, sich wegzusehnen, in der Natur Trost zu suchen, wird hier von Shelley benutzt, um die Not und die Zweifel des Wissenschaftlers im Hinblick auf seine Schöpfung zu schildern. Nach endlosen Reisen und der Flucht vor sich selbst und seinem Versprechen (immer wieder begleitet vom namenlosen Monster und seinen Morden und Gewalttätigkeiten) lässt er sich schließlich auf einer einsamen kleinen Insel nieder und arbeitet daran, sein Versprechen einzulösen. Im letzten Moment, kurz vor Fertigstellung der neuen Schöpfung jedoch, entschließt er sich sein Versprechen nicht zu halten, er zerstört die fast vollendete Gefährtin des Monsters, welches sich wiederum mordend – diesmal muss Frankensteins Frau sterben – an ihm rächt. Frankenstein verbringt den Rest seines Lebens damit, das Monster zu jagen, seinen Frevel wieder gutzumachen.

Der Roman ist ein schaurig schönes Musterbeispiel romantischer Literatur; immer wieder schildert Shelley die Gefühle von Dr. Frankenstein, seine Nöte und Sehnsüchte. Viele Szenen finden in der Natur und auch des Nachts statt; die Nachtseite der Romantik mit Schuld und Tod ist hier sehr ausgeprägt. Eindrucksvoll werden die Sehnsüchte und vor allem die Nöte des Wissenschaftlers, der sich anmaßt Leben zu schaffen, geschildert. Shelley zeigt, wohin blinder Ehrgeiz und Enthusiasmus führen können; gleichzeitig schildert sie aber auch, wie schwer es ist, ein Wesen zu integrieren, welches nicht die gesellschaftlichen Normen erfüllt, weil es wie Frankensteins Monster hässlich und mit übermenschlichen körperlichen Fähigkeiten versehen ist. Die Umwelt, die Gesellschaft, hat das Monster durch Ablehnung böse und gewalttätig gemacht.

Sehr offensichtlich kann man in dem Motiv einen Zusammenhang mit der Golem-Sage erkennen: Der Mensch, der sich anmaßt es Gott gleich zu tun, Leben zu erschaffen, wird bestraft, er ist zum Scheitern verurteilt. In der Golem-Geschichte um Rabbi Löw gerät der Golem außer Kontrolle durch einen „Bedienungsfehler“ –

[1] In den Verfilmungen des 20. Jahrhundert wird dieser Aspekt üblicherweise ignoriert oder verändert (siehe Seite 94).

man vergisst, den Zettel mit dem Namen Gottes unter seiner Zunge zu entfernen. In einer anderen Version wird er falsch, also wider seine Bestimmung, eingesetzt; in jedem Fall fängt der Golem an durchzudrehen und wendet sich gegen die Menschen. Auch Frankensteins Monster rastet aus, auch hier könnte man einen Bedienungsfehler als Ursache erkennen. Die gesamte Gesellschaft hat es nicht bewerkstelligt, mit der Frankensteinschen Schöpfung zu leben; das Geschöpf wurde zum Monster, weil es nicht angenommen, nicht geliebt und in seiner Emotionalität nicht akzeptiert wurde.

In jedem Fall rächt es sich, wenn Menschen es Gott gleichtun wollen, da die Wesen, die sie fabrizieren, zu ihren Feinden werden. Wie kann die Menschheit vor solchen selbstgeschaffenen Wesen, die offenbar leicht zu Monstern werden können, geschützt werden?

Hier drängt sich sofort der Lösungsversuch von Isaac Asimov auf: In seiner Erzählung *Runaround* aus dem Jahre 1942 formuliert er drei Robotergesetze, die erzwingen sollen, dass Roboter Menschen gehorchen und sie nicht zu Schaden kommen lassen. Roboter sollen aber auch ihre eigene Existenz schützen, solange dies nicht Menschen schadet. Diese Gesetze werden vielfältig in Science Fiction Filmen bemüht, um Roboter als beherrschbar darzustellen. Wir werden später diskutieren, woher diese Angst vor Robotern rühren könnte. Weniger beachtet ist Asimovs Projektion dieser Gesetze auf den Menschen: Die Gesetze der Humanistik fordern auch den Menschen auf, die robotische Existenz zu schützen und zu bewahren, solange dadurch Menschen nicht geschadet wird. Diese Konstruktionen werden wir später noch genauer diskutieren. Im Zusammenhang mit Dr. Frankenstein wird klar, wenn man das Ringen des Wissenschaftlers deutet: Soll er dem Drängen und den Erpressungen der Kreatur nachgeben und ihm eine Gefährtin schaffen, oder muss er das Wohl der Menschheit über alles stellen und seine Schöpfung zerstören. Dr. Frankenstein entschließt sich zu Letzterem.

Kapitel 8
Aus der Traum: Realismus

„Ich grüß' meine Insel im Sonnenlicht
Das sich silbern und hell im Morgen bricht
Ich grüß' der Heimat flimmernden Sand
Die braune Hütte am Meeresstrand
Wo meine Sonne scheint und wo meine Sterne steh'n
Da kann man der Hoffnung Glanz und der Freiheit Licht in der Ferne seh'n"

So hörten wir Caterina aus den Lautsprechern trällern. Respektlos und ohne Sinn für Romantik zählten wir ab: Caterina Valente hat nen A . . . wie ne Ente, hat n Maul wie ne Kuh, und raus bist du. – Caterina würde schon verstehen, dass uns die Ente in ihrem Namen mehr gereizt hat als Sterne in der Ferne.

Die Themen und Motive der Romantik haben sich bis heute gehalten, wenn wir mal kurz populäre Schlager Revue passieren lassen: Herz . . . Mondlicht . . . Sehnsucht . . . Ferne usw. bewegen noch immer die Gemüter. Heinrich Heine, der selbst noch mit einem Bein im Reich der Romantik stand, hat das Rattern des Getriebes im Konzept der Romantiker herausgehört und in seinen Gedichten satirisch auf die Schippe genommen. Zum Beispiel:

Das Fräulein stand am Meere
und seufzte lang und bang.
Es rührte sie so sehre
der Sonnenuntergang.

Mein Fräulein! Sein sie munter,
das ist ein altes Stück;
hier vorne geht sie unter
und kehrt von hinten zurück.

Die romantische Kulisse hatte ausgedient, zu oft musste sie herhalten, um tiefe Gefühle, das Unsagbare, Unendliche, Unerreichbare auszudrücken. Sie war verschlissen und oberflächlich geworden, ausgeleiert wie die zu oft beanspruchte Feder einer mechanischen Apparatur. Hinter diesem „Stück" gibt es nichts zu sehen, kein Geheimnis, so gibt es auch keinen Grund zu seufzen. Die jungen Dichter im Zeitalter

U. Barthelmeß, U. Furbach, *IRobot – uMan*,
DOI 10.1007/978-3-642-22928-2_8, © Springer-Verlag Berlin Heidelberg 2012

des Realismus wandten sich ab vom faul gewordenen Zauber ihrer romantischen Kollegen und neuen wichtigen Dingen, nämlich der politischen und gesellschaftlichen Realität, zu. Dies bedeutet eine radikale Abkehr vom Idealismus und eine Zuwendung zum Materialismus. Heinrich Heine sieht Leibniz und La Mettrie als Nachfolger Descartes an. In seinem 1834 geschriebenen Werk „Zur Geschichte der Religion und Philosophie in Deutschland" (Zweites Buch) stellt er beide Richtungen einander gegenüber und kommt zu dem Schluss:" 'L'homme machine' ist das konsequenteste Buch der französischen Philosophie, und der Titel schon verrät das letzte Wort ihrer ganzen Weltansicht."[1] Das hat Folgen für das Menschenbild in der Literatur des Realismus: Der Automat oder die Puppe ist nicht mehr ein Wesen, das in ein Verhältnis zum Menschen gesetzt wird, um als Kontrastfigur dessen Idealität zu betonen. Automat und Mensch werden deckungsgleich, sozusagen identisch; es gibt nichts, was über den Menschen hinausweist.

Die verschiedenen Schattierungen der realistischen Literatur reichen vom radikalen, teils spöttischen, teils aggressiven Ton des Vormärz bis zum versöhnlichen, manchmal humorvollen, oft resignativen Ton des Biedermeier; sie sind ein Reflex auf die politischen Gegebenheiten der von der fortschreitenden Industrialisierung geprägten Zeit, die sie dem zunehmenden technischen und naturwissenschaftlichen Wissen verdankt. Die Spannungen zwischen den gesellschaftlichen Schichten wachsen: Adel und Klerus klammern sich an ihre Privilegien, das Bürgertum ist auf Profit aus, das Proletariat leidet unter einem Arbeitstag mit 14 Arbeitsstunden, fehlender Sicherheit bei Krankheit, Alter und Arbeitslosigkeit. Die revolutionären Unruhen von 1848, die die Mitbestimmung des Bürgertums und die Schaffung eines Nationalstaates zum Ziel hatten, waren ein Flop: Die Bürger mussten sich dem preußischen Kaiser beugen, der 1871 eine deutsche Nation „von oben" geschaffen hatte. Die proletarische Bevölkerung, die Arbeiterschaft, blieb auf der Strecke.

Industrialisierung

Die Entwicklung und Einführung der Dampfmaschine hat unser Leben grundlegend verändert. Plötzlich war es möglich, Arbeiten, die bisher von einzelnen Menschen mit Geschick ausgeführt werden mussten, in ungeahntem Maßstab in Fabriken zu automatisieren. Beispiele dafür sind Webstühle, Mähmaschinen aber auch die Herstellung von Nahrungsmitteln wie Brot und Fleisch. Nun könnte man meinen, dass ja durch die fabrikartige Herstellung der Waren den Menschen Arbeit abgenommen wurde. Bedenkt man aber, dass dem Menschen in der Fabrikationskette ja durchaus weiterhin auch eine gewisse Rolle zukam, wird offensichtlich, dass Menschen in Fabriken strengen Regeln und Randbedingungen unterworfen wurden. Sie waren in ein mechanisches Regelwerk eingebunden. Thomas Carlyle schreibt dazu: „Die Maschine dirigiert nicht nur das äußere, das physikalische Leben (...) Dieselbe Haltung bestimmt nicht nur unsere Handlungsweise, sondern auch unsere Denkweise und

[1] zitiert nach: Klaus Dautel, 2001

die Art und Weise unseres Fühlens" und schließlich „Die Menschen sind nicht nur mit den Händen mechanisch geworden, sondern auch im Kopf und im Herzen.".[2] Diese tiefgreifende Veränderung, die damals in der westlichen Welt stattfand, verdient durchaus den Begriff „Revolution". Es war nicht nur die Mechanisierung in den Fabriken; auch die starke Verbreitung der Dampfmaschine an sich hatte Folgen. Sie wurde in der Form, die die Industrialisierung vorantrieb, mit Kohlen betrieben. Diese mussten in verstärktem Maße gefördert werden; andererseits war dies auch durch den Einsatz von Dampfmaschinen als Wasserpumpen im Bergwerk möglich. Durch die leistungsstärkeren Pumpen konnte der Kohleabbau in immer größeren Tiefen erfolgen; durch die gesteigerte Kohleproduktion wurde es schließlich auch möglich, Eisen und Stahl in industriellem Maßstab herzustellen.

Die Industrialisierung, zusammen mit einer starken Bevölkerungszunahme, führte auch zu einer verstärkten Landflucht und zunehmender Urbanisierung. So gelten die Städte der englischen Midlands als die Zentren der Industrialisierung; Alexis de Tocqueville beschreibt das Bild, das sich ihm anlässlich einer Englandreise 1835 in Machester bot:

> Ein dichter, schwarzer Qualm liegt über der Stadt. Durch ihn hindurch scheint die Sonne als Scheibe ohne Strahlen. In diesem verschleierten Licht bewegen sich unablässig dreihunderttausend menschliche Wesen. Tausende Geräusche ertönen unablässig in diesem feuchten und finsteren Labyrinth. Aber es sind nicht die gewohnten Geräusche, die sonst aus den Mauern großer Städte aufsteigen. Die Schritte einer geschäftigen Menge, das Knarren der Räder, die ihre gezahnten Ränder gegeneinander reiben, das Zischen des Dampfes, der dem Kessel entweicht, das gleichmäßige Hämmern des Webstuhles, das schwere Rollen der sich begegnenden Wagen – dies sind die einzelnen Geräusche, die das Ohr treffen.

Viele Menschen mussten ihre Argrar-Existenz aufgeben und in die Städte, zu den Fabriken umsiedeln. Hier bestimmten die Maschinen den Takt: Arbeitsrhythmus und Intensität wurde durch Maschinen vorgegeben; Ruhe- und Erholungspausen wurden strikt durch Fabrikordnungen bestimmt. Dazu kam Kinderarbeit, die an Versklavung grenzte; sie war ein übliches Vorgehen zur Steigerung der Produktivität im Bergbau und in den Fabriken. Gleichzeitig waren die Lebens- und Wohnbedingungen in den Städten immer unerträglicher; die hygienischen Zustände waren katastrophal, die städtische Infrastruktur war dem Zustrom von Menschen nicht gewachsen – nicht selten brachen Choleraepidemien aus.

Schon sehr früh im 19. Jahrhundert zeigte sich Widerstand: So gab es in England schon ab 1811 Gewaltausbrüche gegenüber Strickmaschinen; das Empfinden, dass die Machtübernahme durch Maschinen bevorstand, hatte sich durchgesetzt. Die Maschinenstürmer nannten sich Luddisten nach dem englischen Arbeiter Ned Ludd, der bereits 1779 Maschinen zerstört hatte und dafür hingerichtet wurde. Auch jetzt wurde die sogenannte Maschinenstürmerei in England zum Kapitalverbrechen erklärt und zahlreiche Luddisten wurden hingerichtet oder nach Australien deportiert.

---

[2] zitiert nach: B. Mazlisch, Faustkeil und Elektronenrechner. Die Annäherung von Mensch und Maschine. 1993 Insel Verlag.

Literarischer Vormärz

Soziale Belastungen, Ausbeutung und Unterdrückung schwächen das Ich der Individuen und führen dazu, dass es fremdbestimmt, sich selbst fremd wird. Dies wird eindrucksvoll im Theaterfragment „Woyzeck“ von Georg Büchner demonstriert: Der Soldat Franz Woyzeck hat zusammen mit Marie ein uneheliches Kind. Er unterstützt die beiden mit seinem Lohn, den er aufbessert, indem er seinem Hauptmann als Laufbursche und einem Doktor als Versuchskaninchen dient. Beide nutzen ihn aus und machen sich einen Spaß daraus, ihn öffentlich zu verhöhnen. Als Marie sich auf einen Tambourmajor einlässt, der ihr Ohrringe schenkt, um sie zu beeindrucken, schöpft Woyzeck Verdacht, der von seinen Mitmenschen weiter geschürt wird. Er ertappt sie beim Tanzen mit dem Rivalen in einem Wirtshaus, Stimmen befehlen ihm, sie zu töten. So besorgt er sich ein Messer, lockt sie in einen Wald und ersticht sie.

Woyzeck ist ein Getriebener, von seiner Herkunft und Umwelt Gezeichneter. Er agiert nicht, er reagiert, lässt sich in die Enge treiben, erliegt willenlos den Suggestionen seiner inneren Stimme, als wäre er in einer Art Rausch, Trance. Büchner klagt hier nicht nur die sozialen Zustände an. Die anderen Figuren sind – trotz ihres besseren sozialen Status – genauso wenig selbstbestimmt wie Woyzeck. Ihre Klassenzugehörigkeit und der entsprechende Habitus bestimmen ihre Existenz, ihr Handeln reduziert sich auf eingespielte reflexartige Verhaltensweisen. Ihre Boshaftigkeit verdankt sich nicht einmal einem Willensakt. Woyzeck wirkt vergleichsweise menschlich, wenn er über den Ursprung der Tugend sinniert: „Ja Herr Hauptmann, die Tugend. Ich hab's noch nicht so aus. Sehn Sie, wir gemeine Leut, das hat keine Tugend, es kommt einem nur so die Natur, aber wenn ich ein Herr wäre...“ (Woyzeck, Szene 5). Büchner, der Medizin, Philosophie und Geschichte studierte, interessiert sich u. a. auch für die Frage nach der Verantwortung des Einzelnen und nach seiner Schuldhaftigkeit: „Was ist das, was in uns lügt, mordet, stiehlt?“ Er verneint die Möglichkeit menschlicher Willensentscheidungen, die er der Macht der materiellen und politischen Verhältnisse, dem Geschichtsdeterminismus und dem mechanistischen Weltbild der Aufklärung (siehe „L'homme machine“ von La Mettrie) unterordnet. Danton sagt: „Wer will der Hand fluchen, auf die der Fluch des Muß gefallen? Wer hat das Muß gesprochen, wer? Was ist das, was in uns hurt, lügt, stiehlt und mordet? Puppen sind wir, von unbekannten Gewalten am Draht gezogen; nicht, nichts wir selbst! Die Schwerter, mit denen Geister kämpfen, man sieht nur die Hände nicht, wie im Märchen.“ (Dantons Tod II,5) Valerio lässt La Mettries Visionen aufflackern, wenn er sagt: „Sehen Sie hier meine Herren und Damen, zwei Personen beiderlei Geschlechts, ein Männchen und ein Weibchen, einen Herrn und eine Dame. Nichts als Kunst und Mechanismus, nichts als Pappendeckel und Uhrfedern... Geben Sie Acht, meine Herren und Damen, sie sind jetzt in einem interessanten Stadium, der Mechanismus der Liebe fängt an sich zu äußern...“(Leonce und Lena, III,3).[3]

[3] zitiert nach: Klaus Dautel, 2001

Eines von Woyzecks historischen Vorbildern, der 41-jährige ehemalige Soldat und später arbeitslose Perückenmacher J.C.Woyzeck erstach am 3. Juni 1821 seine Geliebte. Für jenen Abend hatte sie ihm zwar ein Rendezvous versprochen, war aber mit einem anderen ausgegangen. Woyzeck war es bekannt, dass die Witwe mit anderen Männern, vorzugsweise mit Soldaten, Umgang pflegte. Nach der Tat ließ er sich widerstandslos festnehmen. Im Rahmen des Prozesses wurden zwei Gutachten herangezogen, die prüfen sollten, ob Woyzeck geistesgestört ist, da er angeblich öfter von Stimmen heimgesucht worden sei, die ihm den Mord befohlen haben. Beide Gutachten kamen zu dem Schluss, dass er „Kennzeichen von moralischer Verwilderung", aber keine Geistesstörungen aufweise. Woyzeck wurde daraufhin hingerichtet. Büchner hat die Diskussion zu diesem Vorfall auch in seinem Stück verarbeitet, ohne explizit eine Antwort zu geben. Die Personenkonstellation in seinem Stück könnte man als Versuchsanordnung auffassen, die die Frage nach schuldig oder nicht-schuldig vor dem Hintergrund eines materialistischen Weltbildes zu erörtern sucht. Als konsequente Umsetzung dieses Interpretationsansatzes könnte man die Neufassung des Theaterfragments der Schweizer Theatergruppe „PENG! Palast" deuten. Sie kündigt das Stück „Woyzeckmaschine" auf ihrer Web-Site folgendermaßen an:

> Es setzt sich mit der Frage auseinander, was Menschen in extremen Situationen tun. Das Projekt stellt eine Utopie auf: Ihr seid vier. Vier in einer Welt, in der die Erde zu Asche verbrannt ist. Neustart. Alles auf Anfang. Du kannst alles sein! Deine Träume verwandeln sich in Wirklichkeit. Keine Beschränkung, keine Gesetze, keine Konformität. Vier Lösungsansätze, um wie Phönix aus der Asche aufzuerstehen. Eine hohe Verantwortung? . . . und da ist dieses Ding. Ein Kasten. Eine Maschine. Es pulsiert. Es zieht dich rein. Es fängt an dich zu beherrschen.

Ist „Es", die Maschine, die Antwort auf die Frage: „Was ist das, was in uns lügt, mordet, stiehlt?" Für die Naturalisten ist die Antwort eindeutig: Es ist die Natur! Die Erkenntnisse der Ingenieur- und Naturwissenschaften waren überwältigend: Die Dampfmaschine zusammen mit der Eisenbahn als eine Basis der Industrialisierung, Darwins Evolutionstheorie, die den Menschen aus dem Mittelpunkt des Weltbildes holte – all dies rüttelte das Menschheitsbild gründlich durcheinander. Die naturalistische Bewegung findet sich in der Literatur, der bildenden Kunst und der Philosophie. Die Natur und insbesondere die Wissenschaft werden für die Beschreibung der Strukturen der Welt herangezogen.

Naturalismus

Wie sehr man sich dem Konzept der Wissenschaftlichkeit verschrieben hat, bezeugt eine für Geisteswissenschaftler ungewöhnliche Formel, mit der Arno Holz und Johannes Schlaf, ein bedeutendes naturalistisches Autorenteam, Kunst zu definieren versuchen: Kunst $=$ Natur $- x$, wobei x, die Differenz aus Natur und Kunst so klein wie möglich sein müsse, damit die Literatur die Realität möglichst exakt abbilde. Das am Anfang des Realismus entwickelte Menschenbild, das sich am Materialismus und an Determiniertheit orientiert, soll nicht durch den subjektiven Blick eines Künstlers verzerrt, sondern so objektiv wie möglich wiedergegeben werden, d. h. es soll keine Aussparungen hässlicher Aspekte der Wirklichkeit zugunsten eines ästhetischen Ausdrucks geben. Die Reduktion des Menschen findet in der Kunst eine radikale Entsprechung: Der Mensch ist eine Summe aus Faktoren bestimmter Anlagen und Einflüsse, die Kunst reproduziert diese Summe so gut wie möglich. Überspitzt formuliert könnte man sagen: Der Künstler-Automat stellt den Menschen-Automaten dar.

Emile Zola stellt in seinem 20-bändigen Romanzyklus „Die Familie Rougon-Macquart. Natur- und Sozialgeschichte einer Familie aus dem zweiten Kaiserreich" im Sinne eines „Mikrokosmos" Aspekte der französischen Gesellschaft dar. Auf der Grundlage der darwinistischen und deterministischen Vererbungs- und Milieulehren schildert er die Verfallsgeschichte einer weit verzweigten Familie, deren Mitglieder ihrem sozialen Milieu und ihrer erblichen Veranlagung trotz heroischer Anstrengungen nicht entkommen können. Kriminalität, Prostitution, Erbkrankheiten, Alkoholismus und Elend des Industrieproletariats und Kleinbürgertums stehen im Vordergrund der radikal realistischen Beschreibung der Wirklichkeit. Sicher nicht im Sinne des Erfinders des „roman experimental" sind die über die objektive Wiedergabe hinausweisenden Bilder, die Berühmtheit erlangten und die Bedrohlichkeit der Technik, die zu Zolas Zeit in ihrer Gesamtheit wohl noch kaum erfasst wurde. Erst im 20. Jahrhundert tritt sie, sehr anschaulich verkörpert, auf den Plan: beispielsweise der legendäre Bauch in „Le ventre de Paris" (Der Bauch von Paris, 1873), der das Hallenviertel als ein alles verschlingendes Monster zeichnet; oder die Lokomotive in „La bête humaine" (Das Tier im Menschen, 1890), die als ein mythisches Ungeheuer erscheint. Zolas Romane eignen sich vor allem aufgrund der detailgenauen, wirklichkeitsnahen Schreibweise hervorragend zur Verfilmung, wie viele Beispiele zeigen.

Die Nähe zur Filmtechnik zeigt sich auch in den Werken der deutschen Naturalisten. Die Forderung, Kunst solle genaue Wiedergabe der Realität sein, führte zu neuen, experimentellen Ausdrucksweisen, beispielsweise zum „Sekundenstil" (Deckung von Erzählzeit und erzählter Zeit), in dem soziales Elend minutiös genau geschildert wird, wodurch der Leser sozusagen zum Sozialvoyeur wird. Ein Beispiel aus „Papa Hamlet" von Arno Holz und Johannes Schlaf (erschienen 1889):

Zusammen mit seiner schwer erkrankten Frau und seinem drei Monate alten Kind Fortinbras lebt der verkrachte Schauspieler Niels Thienwiebel in ärmlichen Verhältnissen. Da er schon seit längerer Zeit ohne Engagement ist – früher war er einmal Darsteller des „Hamlet" in William Shakespeares (1564–1616) Drama gewesen –, ist „Papa Hamlet" dem Alkohol verfallen, während seine Familie in ihrem Elend zu ertrinken droht. Wieder einmal kommt er in der nachfolgenden Szene betrunken nach Hause.

> Er hatte sich seinen alten Zylinder, auf dem noch der dicke Schnee lag, vom Kopf gerissen und feuerte ihn nun wütend in die dunkle schreiende Ecke, wo der Korb stand. Die Tür hinter ihm war dröhnend ins Schloss gekracht.
>
> „Niels!"
>
> Das Deckbett, das jetzt quer auf den Dielen lag, hatte zur Hälfte den Stuhl mitgerissen. Sie kniete aufrecht mitten im Bett. Ihre Nachtjacke vorn hatte sich ihr bis oben unter die Arme

> verschoben, ihr Haar hing in Strähnen um ihr Gesicht.
> „Halt's Maul! Fang nicht auch noch an!"
> Er hatte sich jetzt auch seinen alten abgeschabten Rock runtergezerrt. Das kleine Spiegelchen über der Kommode, gegen das er ihn geschleudert hatte, war runtergeschnurrt und lag nun zersplittert auf dem blinkenden Wachstuch.
> „Na, wird's bald?!"
> Der kleine Fortinbras jappte nur noch.
> „Na?! ... Dein Glück, Kanaille! ..."
> Seine Stiefel waren dumpf gegen die kleine Kiste neben dem Ofen gebullert. Der aufgeschlammte Schnee dran war nass gegen die Kacheln geplatscht. Er suchte jetzt nach den Pantoffeln.
> „Ach was! Halt dein Maul, sag' ich! ... Die Ohren vollplärren ... Könnte mir noch grade passen! ... Sind die Sachen gepackt?!"
> Das Schnarchen nebenan hatte aufgehört. Es schubberte jetzt deutlich gegen die Tür.[4]

Das Beispiel führt eindringlich vor, wie streng man sich an die programmatischen Vorgaben hielt: Der Erzähler verschwindet hinter einer quasi neutralen Kamera, jede Einzelheit wird wirklichkeitstreu, protokollarisch genau wiedergegeben. Der Leser wird Zeuge, wie der Mensch willenlos Beute seiner schicksalhaften Umstände wird. Nicht alle konnten sich mit dieser Perspektivlosigkeit und der Monotonie der Darstellung anfreunden. Das Fehlen des Faktors Mensch, die Abwesenheit eines gestaltenden Künstlers führten letztlich zum Scheitern der Bewegung. Man wollte nicht hinnehmen, dass man nur ein Produkt aus Biologie und Milieu, eine berechenbare Masse Mensch, ein seelenloser Automat sei. Subjektive Eindrücke und Emotionen, sofern sie sich überhaupt wirklich vollständig unterdrücken ließen, waren in der Folgezeit, im Impressionismus und dann Expressionismus, mit dem wir uns im nächsten Kapitel beschäftigen werden, wieder Thema.

---

[4] Aus: Arno Holz u. Johannes Schlaf, Papa Hamlet. Ein Tod. Stuttgart: Philipp Reclam Verlag, Nr. 8853.

Kapitel 9
Das 20. Jahrhundert

Wir laufen über die Theresienwiese. Das Oktoberfest wird gerade aufgebaut. Ein überdimensionaler King-Kong begrüßt die Besucher, was allerdings der kleinen Tochter gar nicht gefällt. Sie will sich heulend entfernen. Ich kitzle King-Kong am Fuß, um seine Harmlosigkeit zu beweisen. Das Geheule wird nur noch schlimmer. Zuhause dann schauen wir Bilder an: Peter und der Wolf. Der Wolf hat eine Ente zwischen den Zähnen. Man sieht noch den Kopf der Ente, der die Tränen herunterlaufen. Die Betrachtzeit des Bildes beträgt nur wenige Sekunden. Länger hält die Kleine das nicht aus. Aber sie kann es auch nicht lassen, hin und wieder die Seite kurz aufzuschlagen.

Am 28. Dezember 1895 soll im Grand Cafe am Boulevard des Capucines in Paris ein französischer Stummfilm der Brüder August und Louis Lumière die Zuschauer in Panik versetzt haben: „L'Arrivée d'un train en gare de La Ciotat". Ein Zug fährt in den Bahnhof von La Ciotat ein und die Fahrgäste steigen aus. Die Zuschauer sollen aus Angst, der Zug werde gleich in das Café fahren, die Flucht ergriffen haben.

Eine der wohl bekanntesten Montagen in der Filmgeschichte ist die aus der „Odyssee im Weltraum" von Stanley Kubrick: In Zeitlupe wirft ein Affe seinen Knochen, der vorher als Waffe diente, in die Luft. Dieser wirbelt auf in die Höhe, entschwindet kurz und verwandelt sich in ein Raumschiff, das zu den berühmten Walzerklängen von Johann Strauss „Schöner Blauer Donau" selig durch den Weltraum „tanzt".

Die wohl eher anekdotische Reaktion auf den Lumière-Film zeigt, womit sich die Menschen immer intensiver zu schlagen haben, nämlich mit der so genannten „kulturellen Phasenverschiebung",[1] die besagt, dass die Gesellschaft mit dem technischen Fortschritt nicht mithalten kann, wodurch ein Ungleichgewicht entsteht, das zu sozialen Problemen führen kann. Die Kubrick-Szene veranschaulicht, wie weit der Spagat ist, den ein Mensch in seiner Entwicklung und die Menschheit als solche überbrücken muss. Während gegen Ende des 19. Jahrhunderts die Bedrohlichkeit der Technik bestenfalls intuitiv erahnt wurde (s. Emile Zola), erweist sich

[1] Auf englisch: „cultural lag", siehe William Ogburn „On Culture and Social Change", 1922.

U. Barthelmeß, U. Furbach, *IRobot – uMan*,
DOI 10.1007/978-3-642-22928-2_9, © Springer-Verlag Berlin Heidelberg 2012

im 20. Jahrhundert die Zweischneidigkeit des Fortschritts als irreversible Konstante des Lebensgefühls, das man – fast wie im Barock – auf antithetische Weise in den Griff zu bekommen versuchte: einerseits durch Resignation, Skepsis und Ablehnung, andererseits durch Sublimation in Form von künstlerischer Umsetzung. Eine Metapher für die technische Entwicklung ist der Roboter oder im weiteren Sinne die Maschine und letztlich der wie eine Maschine funktionierende Mensch.

Wie die Naturalisten spüren die Künstler des Expressionismus (1905–1920) den Druck auf die Gesellschaft, der durch die Industrialisierung geschaffen wurde. Sie beklagen Verstädterung, Vereinsamung, Anonymität, Dominanz der Maschinen, Orientierungslosigkeit, Macht der Großunternehmer, Ohnmacht der zu Maschinen degradierten Arbeiter. Im Unterschied zu den Naturalisten, die den Filter des Künstlers quasi ausschalten wollten, steht jetzt der Künstler, d. h. scin Ausdruck (exprimer = ausdrücken), im Vordergrund. Sie ähneln damit den Stürmern und Drängern, die sich von der Aufklärung distanzierten. In ihrer pathetischen Anwandlung begrüßten sie den Ersten Weltkrieg als eine Form der Reinigung der verderbten, kaputten Gesellschaft, die zerstört werden musste, damit ein Neuanfang entstehen konnte. Ernüchterung diesbezüglich trat allerdings bald nach den ersten Fronterlebnissen ein. Es soll hier kein Versuch unternommen werden, die schillernden, widersprüchlichen und revolutionären Facetten dieser turbulenten Epoche im Detail zu beleuchten, aber anhand einiger Beispiele soll gezeigt werden, dass die Menschen eine Bewegung der Enthumanisierung wahrnahmen und in der Maschine einen Feind sahen, der sie entseelt und bedroht.

Jakobs von Hoddis berühmtes Gedicht „Weltende" (am 11. Januar 1911 in der Berliner Zeitschrift „Der Demokrat" erstmals veröffentlicht) spricht unter anderem die Verdinglichung des Menschen an: Die Dachdecker werden identisch mit ihren Dachziegeln, die „entzwei gehen":

Dem Bürger fliegt vom spitzen Kopf der Hut,
In allen Lüften hallt es wie Geschrei.
Dachdecker stürzen ab und gehn entzwei
Und an den Küsten – liest man – steigt die Flut.
Der Sturm ist da, die wilden Meere hupfen
An Land, um dicke Dämme zu zerdrücken.
Die meisten Menschen haben einen Schnupfen.
Die Eisenbahnen fallen von den Brücken.

In dem Gedicht „Morgens" (geschrieben um 1914 von Jakob van Hoddis) geht es um eine Großstadt, die vor der Selbstzerstörung durch Mechanisierung und Industrialisierung steht:

Ein starker Wind sprang empor.
Öffnet des eisernen Himmels blutende Tore.
Schlägt an die Türme.
Hellklingend laut geschmeidig über die eherne Ebene der Stadt.
Die Morgensonne rußig. Auf Dämmen donnern Züge.

Durch Wolken pflügen goldne Engelpflüge.
Starker Wind über der bleichen Stadt.
Dampfer und Kräne erwachen am schmutzig fließenden Strom.
Verdrossen klopfen die Glocken am verwitterten Dom.
Viele Weiber siehst du und Mädchen zur Arbeit gehn.
Im bleichen Licht. Wild von der Nacht. Ihre Röcke wehn.
Glieder zur Liebe geschaffen.
Hin zur Maschine und mürrischem Mühn.
Sieh in das zärtliche Licht.
In der Bäume zärtliches Grün.
Horch! Die Spatzen schrein.
Und draußen auf wilderen Feldern
singen Lerchen.

Auch der Maler Georg Groz befasste sich intensiv mit dem Thema der Großstadt (siehe Abb. 9.1).

Abb. 9.1 Georg Grosz: Ohne Titel 1920

Der industrialisierte Krieg

Die Industrialisierung und Urbanisierung wurde ausführlich in Kap. 8 geschildert. Die Beherrschung des Menschen, aber auch die Bedrohung durch die Maschine in der Arbeitswelt war hier ein wichtiges Thema. Noch dramatischer wurde die Situation durch den Ersten Weltkrieg. Dieser Krieg war der erste „totale Krieg" und zwar in dem Sinne, dass alle Ressourcen eines Landes an der Front eingesetzt wurden. Es war der erste industrialisierte Krieg: Die gesamte Nation wurde benötigt, um Kriegsmaterial zu produzieren. Und davon gab es in diesem Krieg genug und auch Neues: Auf dem Schlachtfeldern tauchte das erste Mal der britische Panzer „Mark 1" auf, eine vollkommen neue Waffe, die von deutschen Militärs lange Zeit unterschätzt wurde. Als die Bedeutung schließlich in den späten Kriegsjahren erkannt wurde, fehlten die Ressourcen in Deutschland, um eine eigene Entwicklung in großem Rahmen voranzutreiben. Auch auf den Weltmeeren setzte eine neuartige Entwicklung durch die zunehmende Verbreitung von U-Booten ein; diese wurden nun nicht nur gegen Kriegsschiffe eingesetzt, sie versenkten auch Handelsschiffe, um wichtige Nachschublieferungen des Feindes zu verhindern. Die zunehmende Technisierung des Krieges führte erst recht im Luftraum zu neuen Strategien: Aufklärung wurde nun mittels Flugzeugen vorgenommen und durch die Weiterentwicklung von Jagdflugzeugen spielte die Lufthoheit eine immer größere kriegswichtige Rolle. Im Ersten Weltkrieg wurden auch das erste Mal in der Geschichte Flugzeugträger eingesetzt – Luft- und Seekrieg verschmolzen durch diese neuartige Möglichkeit. Aber auch auf dem Boden war eine zunehmende Technisierung zu verzeichnen. Bedingt durch den Stellungskrieg wurden Maschinengewehre und Geschütze äußerst wichtig; die Kriegswirtschaft in Deutschland war dominiert von der Produktion von Waffen und Munition. Dazu kam der Einsatz von Giftgas; diese neuartige Form der Kriegsführung war durch Fortschritte in der chemischen Industrie ermöglicht worden und gilt heute als besonders grausam und menschenverachtend: Seit 1997 sind chemische Waffen durch die Chemiewaffenkonvention international offiziell geächtet; auch die Entwicklung, Herstellung und Lagerung sind verboten.

Das Bild des Soldaten hat sich durch den Ersten Weltkrieg drastisch verändert. Waren in den Zeiten der offenen Feldschlachten die Eigenschaften „ritterlich" oder „heldenhaft" mit dem Bild des Soldaten verknüpft, hat sich dies in den grausamen Stellungskriegen des Ersten Weltkrieges grundlegend verändert. Die Lebensbedingungen der Soldaten in den befestigten Stellungen waren unmenschlich; Soldaten mussten emotionslos und grenzenlos belastbar sein. Dazu kamen bisher nie gesehene Verletzungen durch Maschinenwaffen und chemische Kampfstoffe.

Die Wirkung dieser Lebensumstände im Stellungskampf des Ersten Weltkrieges auf junge Menschen wird eindrucksvoll von Eric-Emmanuel Schmitt in „Adolf H. Zwei Leben" geschildert. Adolf H. wird einmal als (fiktiver) angenommener Kunststudent und abwechselnd in der Variante als abgelehnter Kunststudent Hitler geschildert. Beide erleben den Ersten Weltkrieg als Soldaten: Der Kunststudent H. erlebt das Grauen des Krieges, fühlt sich aber inmitten seiner Freunde geborgen; er wird nach dem Kriege ein berühmter Maler. Adolf Hitler dagegen erlebt den Krieg als funktionierender, belastbarer und emotionsloser Soldat. Er erkennt dabei aber auch seine Fähigkeiten; dieser Prozess wird noch verstärkt durch die Behandlung mittels Hypnose, die bei ihm nach einer Giftgasverletzung angewendet wird. Hitler hat sich durch diese Kriegserfahrung vom billigen Kunstmaler zum charismatischen Diktator entwickelt.

Die Expressionisten, die vor dem Ersten Weltkrieg die Folgen der Industrialisierung und den immensen Druck auf die Gesellschaft gespürt und beklagt hatten, ließen sich zu Beginn des Krieges, wie bereits oben erwähnt, von einer euphorischen Stimmung hinreißen, denn sie sahen im Krieg eine Chance der Erneuerung und Reinigung, um sich von der Last der Gegenwart zu befreien. Der Untergang der fremden, inhumanen industrialisierten Welt wurde herbeigesehnt; der düsteren Vision, die in den obigen Gedichten evoziert wird, schien nur der Krieg entgegenwirken zu können. Georg Heym schrieb im Juli 1910 in einer Tagebuchnotiz:

> Geschähe doch einmal etwas. Würden einmal wieder Barrikaden gebaut. Ich wäre der erste, der sich darauf stellte, ich wollte noch mit der Kugel im Herzen den Rausch der Begeisterung spüren. Oder sei es auch nur, dass man einen Krieg begänne, er kann ungerecht sein. Dieser Frieden ist so ölig und schmierig wie eine Leimpolitur auf alten Möbeln.

1914 schrieb Klabund seine Soldatenlieder, u.a:

Die Schlacht

Es blühten die Raden,
Es reifte das Korn –
Donnernd aus Wolkenschwaden
Brach Gottes Zorn.
Tiger, Tiger brüllt übers Feld...

Bajonette blinken.
Mädchen, sei gut!
Herzen ertrinken
In Blut.
Krieger, Krieger kämpft auf dem Feld...

Über Pulverdämpfen
Sonne mich entrückt;
Fliegend zu kämpfen,
Bin ich beglückt.
Flieger, Flieger fliegt überm Feld...

Gestürzte Lafetten;
Die Nacht ist wie Wein.
Wir beten und betten
Ins Dunkel uns ein...
Sieger, Sieger ruht unterm Feld...

Allerdings hat die Fronterfahrung mancher Autoren diese Haltung schnell verändert – Gedichte verarbeiten zunehmend die subjektiven Erfahrungen ihrer Autoren. Die technischen Massenvernichtungsmittel werden verdammt – die Expressionisten tendieren zu politischeren und pazifistischeren Haltungen.

Roboter-Krieg

War der Erste Weltkrieg durch Industrialisierung und Stellungskrieg geprägt, hat der Zweite Weltkrieg die Art der Kriegsführung nochmals grundlegend verändert. Die Industrialisierung wurde durch die flächendeckenden Bombardierungen immens verstärkt; der Stellungskrieg wurde durch die mobilen Panzertruppen und durch die Fortschritte in der Luftfahrttechnik abgelöst. Schließlich kam das grausame Ende durch den Einsatz von Atomwaffen. Durch diese immensen technischen Entwicklungen hat sich das Kriegshandwerk verändert; nicht verändert hat sich jedoch, wer den Krieg führt, wer darin kämpft und stirbt. Hier zeichnet sich heute eine Wende ab: Der kämpfende Roboter wird zum Akteur! Nun ist der Einsatz von Robotern auf Kriegsschauplätzen nicht neu; unbemannte Flugobjekte, sogenannte Drohnen, werden schon seit Langem zu Aufklärungszwecken eingesetzt, nun können sie jedoch auch bewaffnet werden. Roboter werden kämpfend zu Lande, zu Wasser und in der Luft eingesetzt.

Der Krieg des 21. Jahrhundert wird von Maschinen bestimmt. P. W. Singer hat ein Buch zu diesem Thema geschrieben,[2] in dem er ausführlich belegt, dass die Robotertechnologie die Regeln des Krieges neu definiert. Zehntausende von Kampfrobotern stehen in den Arsenalen der Armeen auf der ganzen Welt für ihren Einsatz bereit – mit Maschinengewehren bestückte Roboter, unbemannte bewaffnete Flugzeuge oder Roboter zum Minen- oder Bombenentschärfen. Diese Roboter können nun autonom handeln (und eben auch töten) oder sie werden ferngelenkt von Menschen, die in sicherer Entfernung vom Kriegsschauplatz agieren. Im Afghanistan-Einsatz der USA wird das mit Raketen bewaffnete unbemannte Flugzeug „Predator" (Abb. 9.2) von Soldaten zu Hause in den USA gesteuert. Nach Stunden, die der Pilot mit Krieg vorm Bildschirm verbringt, setzt sich der Soldat ins Auto und fährt heim zu seiner Familie. Bemerkenswert ist, dass diese Art der Kriegsführung zu erhöhter psychischer Belastung führen kann: Es hat sich gezeigt, dass diese Piloten

Abb. 9.2 Unbemannter Predator

[2] P. W. Singer, Wired for War: The Robotics Revolution and Conflict in the twenty-first Century, Penguin Press 2010.

im Vergleich mit anderen Soldaten im Irak oder in Afghanistan unter stärkeren posttraumatischen Belastungsstörungen leiden. Aber auch autonom handelnde Roboter sind im Kriegs- oder im bewaffneten Einsatz; die Grenze zwischen ferngelenkten und autonomen Waffen ist dabei fließend – auch bei ferngesteuerten Robotern sind einzelne Zwischenschritte in den Abläufen des Systems automatisiert und damit nicht unter menschlicher Kontrolle.

Derzeit laufen Gerichtsverfahren von geschädigten Zivilpersonen und Hinterbliebenen von Opfern aus Pakistan, die durch ferngelenkte Drohnen-Angriffe verletzt oder getötet wurden. Unklar ist hierbei insbesondere die Rechtslage, inwieweit solche Angriffe mit „gezielten Tötungen" mit Drohnen nach internationalen Recht zulässig sind.

Im Zusammenhang mit Assistenzsystemen im Kap. 2 über die Antike wurden autonome Fahrzeuge diskutiert, deren Entwicklung vom Militär mitfinanziert wird. Das US-Verteidigungsministerium hat eine „Unmanned Systems Roadmap: 2007–2032" veröffentlicht, die deutlich zeigt, welche überragende Bedeutung Robotern für den Kriegseinsatz zugeschrieben wird. Insbesondere wird darin betont, dass der Grad der Autonomie von solchen Waffen gesteigert werden soll, um dadurch in Zukunft neue Einsatzmöglichkeiten zu erschließen.

Genau dagegen gibt es laute Stimmen: Immer mehr Wissenschaftler setzen sich dafür ein, Kampfroboter zu ächten. Vorbild dafür könnte die Ottawa-Konvention zum Verbot der Produktion, Nutzung und Weitergabe von Anti-Personen-Minen aus dem Jahr 1997 sein, die inzwischen von 156 Staaten weltweit unterzeichnet wurde (leider nicht von USA, Russland, China und einer Reihe von anderen wichtigen und großen Staaten). Das Argument für die Ächtung ist, dass die Entscheidung in einer Kampfhandlung über die Tötung eines Menschen niemals von einer Maschine automatisiert getroffen werden sollte. So ist zum Beispiel das Waffensystem SGR-A1 (ähnlich dem SWORDS-System in Abb. 9.3) von Samsung in der Lage, zwischen Menschen und anderen Objekten zu unterscheiden; es verfügt über ein Sprachinterface, womit sich nähernde Personen gewarnt werden können, und es feuert mit einem Maschinengewehr. Der Roboter agiert autonom: von der Identifizierung einer Gefahr, über die Warnung des Angreifers, zur Entscheidung über

Abb. 9.3 Bodenroboter SWORDS

Gegenmaßnahmen und schließlich auch bis zur Durchführung der Aktionen wird alles ohne Einwirkungen von Menschen erledigt. Obwohl diese Aktionen von Menschen einprogrammiert werden, gehen Kritiker davon aus, dass die Quote der Fehlentscheidungen des Kampfroboters weitaus höher liegen wird als die eines Soldaten.

Außer der Forderung nach einem generellen Verbot von autonomen Waffensystemen werden auch weitere Vorschläge gemacht: Man könnte unbemannte Waffensysteme mit einem „Ethik-Modul" ausstatten, das es dem Waffensystem ermöglichen soll, aufgrund der jeweiligen Situation eine legale und ethische vertretbare Entscheidung zu treffen. Dies erinnert ein wenig an die Asimov'schen Robotergesetze – angesichts des gegenwärtigen Standes der Wissenschaft zur Künstlichen Intelligenz ist nicht absehbar, dass dies ein gangbarer Weg für die nahe Zukunft sein kann. Auch die Forderung, dass unbemannte Systeme feindliche Waffensysteme und nicht feindliche Soldaten als Ziel haben sollen, erscheint ein wenig weltfremd.

Es bleibt eigentlich nur eine einzige vernünftige Alternative: Keine Kriege mehr! Sieht man aber, wie viel Mühe sich Politiker geben, Kampfeinsätze von Armeen fern der Heimat als eine Art Polizei gegen Terroristen oder als technischen Hilfseinsatz zu deklarieren, erscheint auch diese Möglichkeit nicht sehr Erfolg versprechend. Aber nun zurück zum Ersten Weltkrieg bzw. der Zeit danach.

Nach dem Krieg

Bei vielen Künstlern führten die Erlebnisse und Erfahrungen des Ersten Weltkriegs zu einer Abkehr vom Expressionismus. Einige flüchteten in die Schweiz und gründeten 1916 mit dem Cabaret Voltaire in Zürich eine internationale künstlerische Bewegung, die zwar von kurzer Dauer (bis 1925), aber von zündender Radikalität war und die Zukunft der modernen Kunst[3] nachhaltig prägten: den Dadaismus. Aus Protest gegen die verheerenden Auswirkungen des Weltkriegs wandte man sich gegen alles, was die Fundamente der Gesellschaft, die dieses Gemetzel ermöglichte, ausmachte. Das waren vor allem ihre System tragende Kultur und Kunst – Expressionisten waren den Spießern zu Diensten! – und die Perfektion der Technik. Dem setzte man die Anti-Kunst entgegen, um gegen den bürgerlichen Konformismus zu protestieren. Nichts durfte zweckgebunden, geplant und sinnvoll sein. Es lebe der Unsinn, der Widerspruch, die Provokation und Beleidigung. Max Ernst sagt im Film „Max Ernst – Entdeckungsfahrten ins Unbewusste" (von Carl Lamb/Peter Schamoni: 1963): „Dada war ein Ausbruch einer Revolte von Lebensfreude und Wut, war das Resultat der Absurdität, der großen Schweinerei dieses blödsinnigen Krieges. Wir jungen Leute kamen wie betäubt aus dem Krieg zurück, und unsere Empörung musste sich irgendwie Luft machen. Dies geschah ganz natürlich mit Angriffen auf die Grundlagen der Zivilisation, die diesen Krieg herbei geführt hatte, Angriffen auf die Sprache, Syntax, Logik, Literatur, Malerei, usw."

---

[3] Siehe Surrealismus, Pop-Art oder Objekt-Kunst.

Die Antwort auf die Absurdität des Krieges war die Zerstörung der etablierten Ideale der bürgerlichen Gesellschaft. „Dada ist der Ekel vor der albernen verstandesmäßigen Erklärung der Welt“, so Hans Arp. Statt eines Programmes gibt es das Prinzip des Zufalls. So soll der Begriff „Dada“ ein Zufallsfund aus einem französischen Lexikon sein, wo es einen kindlichen Ausdruck für „Steckenpferd“ bezeichnet, jedenfalls ist der Name allein schon eine Provokation für den Bildungsbürger. Der gängige Kanon an Kunstformen wurde gesprengt: Lärmmusik (bruitistische Lautmusik), Simultangedichte (zwei oder mehr Personen tragen gleichzeitig verschiedene Gedichte vor), Zufallsgedichte, Collagen, Zeitungsausschnitte, Photomontagen und Installationen gehörten zum Repertoire der Cabaret-Abende. Hier ein Lautgedicht von Hugo Ball:

Totenklage (von Hugo Ball)

ombula
take
biti
solunkola
tabla tokta tokta takabla
taka tak
tabubu m'balam
tak tru-ü
wo-um
biba bimbel
o kla o auw
kla o auwa
kla-auma
o kl o ü
kla o auma
klinga-o-e-auwa
ome o-auwa
klinga inga M ao-Auwa
omba dij omuff pomo-auwa
tru-ü
tro-u-ü o-a-o-ü
mo-auwa
gomum guma zangaga gago blagaga
szagaglugi m ba-o-auma
szaga szago
szaga la m'blama
bschigi bschigo
bschigi bschigi
bschiggo bschiggo
goggo goggo
ogoggo
a-o-auma

Ahnherr der Dadaisten und später der Surrealisten und Vertreter des Absurden Theaters war der französische Autor Alfred Jarry, der mit der Uraufführung seines Stücks „König Ubu“ („Ubu Roi“) 1896 einen handfesten Theaterskandal ausgelöst hatte: Verzicht auf herkömmliche Handlungsführung, obszöne Sprache („merdre“ – „Schreiße“) und groteske Darstellung der Hauptfigur, eine monströse, marionettenhafte Überzeichnung waren die Ursachen der heftigen Ablehnung. Der sich in üblen Schimpftiraden ergehende Ubu, ein Fettwanst, der nur an sich und seine heiß geliebte Leberwurst denkt, verkörpert einen primitiven, opportunistischen Spießer, der nur seinen niedrigen Instinkten (Lust am Fressen, Rauben und Morden) und den Einflüsterungen seiner Frau gehorcht. Sie stachelt ihn dazu an, den König von Polen zu ermorden, was ihm trotz seiner erbärmlichen Feigheit gelingt, um fortan seine „Pfuinanzen" oder „Phynanzen" zu vermehren. Sämtliche potentiellen Widersacher, aber auch seine ihm lästigen Eltern, enden im Schnellverfahren in der „Enthirnungsmaschine". Man braucht nicht viel Phantasie, um sich vorzustellen, dass Ubu bei den Avantgardisten Anfang des 20. Jahrhunderts Kult wurde. Man machte sich einen Spaß daraus, sich à la „Ubu" auszudrücken und zu gebärden. Zu erwähnen sei noch der von Jarry geprägte Begriff der „Pataphysiquc", der als absurdes Philosophie- und Wissenschafts-Konzept die Theoriebildungen und Methoden moderner Wissenschaft parodiert: „Die Pataphysik steht zur Metaphysik so wie die Metaphysik zur Physik."

Auf die automatischen Skulpturen von Hans Arp wurde bereits in Kap. 6 über die Romantik hingewiesen. Auch andere seiner Werke gehorchten dem Zufallsprinzip. So streute er Papierschnipsel auf einen Untergrund fallen und klebte sie so in der Position fest, in der sie liegen geblieben waren.

Seit 1917 verlagert die Dada-Bewegung ihre Aktionen hauptsächlich auf die Städte Berlin, Köln und Paris. Dort wird 1920 der Surrealismus Dada ablösen.

Man kann an beiden Bewegungen, dem Expressionismus und dem Dadaismus, zwei konträre Umgangsformen mit den durch Technik ausgelösten Umwälzungen, den Erschütterungen durch die industrielle Revolution, erkennen: Resignation und ergebenes Pathos einerseits und spielerisch witzige, satirische Provokation andererseits.

Es gibt aber noch eine andere Art zu reagieren, die bisher nicht angesprochen wurde: die Verherrlichung bzw. Verklärung der Technik, die vom Futurismus ausgeht und im sogenannten New Yorker Dada endet.

Futurismus

Die Kunstbewegung Futurismus wurde von Filippo Tommaso Marinetti durch sein erstes futuristisches Manifest von 1909 gegründet. Als junger Jurist und Dichter veröffentlichte er in „Le Figaro" das Manifest mit 11 Regeln, wobei die letzte ein futuristisches Bild der Welt zeichnet:

> ... besingen werden wir die nächtliche, vibrierende Glut der Arsenale und Werften, die von grellen elektrischen Monden erleuchtet werden; die gefräßigen Bahnhöfe, die rauchende Schlangen verzehren; die Fabriken, die mit ihren sich hochwindenden Rauchfäden an den Wolken hängen; die Brücken, die wie gigantische Athleten Flüsse überspannen, die in der Sonne wie Messer aufblitzen; die abenteuersuchenden Dampfer, die den Horizont wittern; die breitbrüstigen Lokomotiven, die auf den Schienen wie riesige, mit Rohren gezäumte Stahlrosse einherstampfen und den gleitenden Flug der Flugzeuge, deren Propeller wie eine Fahne im Winde knattert und Beifall zu klatschen scheint wie eine begeisterte Menge ...

Der Futurismus gewann, vor allem in Italien, Anhänger in den Bereichen bildende Kunst, Musik, Literatur und Architektur. Als Italien in den Ersten Weltkrieg eintrat, eilten die Futuristen begeistert als Propagandisten der Gewalt zu den Fahnen. Ähnliches konnte schon bei den Expressionisten zu dieser Zeit beobachtet werden: Eine Verherrlichung des Krieges als Mittel zur Erneuerung. Aber auch unter den Futuristen wirkte die Ernüchterung der grausamen Kriegserfahrungen; eine ganze Reihe wichtiger Futuristen verlor im Kriegseinsatz ihr Leben. Die Gruppe fiel nach dem Krieg auseinander; es bildete sich der politische Futurismus; große Teile davon waren später in der von Mussolini gegründeten Nationalen Faschistischen Partei wieder zu finden. Für unseren Zusammenhang ist es wichtig zu sehen, dass sich hier eine sehr technikgläubige und gleichzeitig brutale Avantgarde herausgebildet hatte. Durch die Verarbeitung der ursprünglich herbeigesehnten Erfahrungen des industrialisierten Krieges wurde sie jedoch zersplittert und spielte nur noch in Italien bis zum Zweiten Weltkrieg eine kleine Nebenrolle.

Einzig Marcel Duchamps hat sich einen bleibenden Namen gemacht. Er hat sich sehr früh von der Malerei abgewandt, weil er der Meinung war, dass die Technik und Ingenieurs-Kunst perfekte industrialisierte Formen hervorgebracht haben; sein Ziel war es, dass die Kunst die Schönheit der Maschinen erreicht. Er prägte die Kunstform der Ready-Mades, die noch heute, fast 100 Jahre später, revolutionär wirken: ein Fahrrad-Rad drehbar auf einem Schemel fixiert oder ein Urinal auf einem Sockel. Am Ende dieses Abschnittes gehen wir auf die „Maschinen-Kunst" von Jean Tinguely ein, der zwar lange nach Duchamps' ersten Ready-Mades geboren wurde, dessen kinetische Werke aber trotzdem als Nachfolge und Weiterentwicklung von Duchamps gelten könnten. Wenn man so will, kann man auch schon erste Ansätze von Bewegung bei Duchamps erkennen: Sein „Akt, eine Treppe herabsteigend Nr. 2" könnte durchaus als stroboskopische Aufnahme von Bewegungsabläufen aufgefasst werden. Solche Studien werden übrigens in der Robotik-Forschung verwendet, um natürliche Bewegungsabläufe von Robotern zu erreichen.

Surrealismus

Während die Dada-Bewegung den Keim ihrer Auflösung in sich trug, da sie sich die Zerstörung der Kunst auf die Fahnen schrieb, wovon sie sich letztlich selbst nicht ausnehmen konnte, versuchten die Surrealisten das Konzept des Dada konstruktiv umzusetzen und weiterzuentwickeln. André Breton, der sogenannte Papst der Surrealisten, fand Dada zu chaotisch. Er setzte auf effizientere Arbeit und klar pointierte Provokation. Die surrealistische Bewegung wurde unter seiner Ägide geradezu generalstabsmäßig organisiert und verwaltet. Programm, Regeln und Prinzipien wurden in Manifesten formuliert. Mitglieder wurden offiziell aufgenommen, aber gegebenenfalls wieder ausgeschlossen, wenn sie sich nicht an diese Regeln hielten. André Breton definiert 1924 im „Ersten Manifest des Surrealismus" den Begriff Surrealismus folgendermaßen: „SURREALISMUS – Reiner psychischer Automatismus, durch den man mündlich oder schriftlich oder auf jede andere Weise den wirklichen Ablauf des Denkens auszudrücken sucht. Denk-Diktat ohne jede Kontrolle durch die Vernunft, jenseits jeder ästhetischen oder ethischen Überlegung." Quelle der Inspiration war die Romantik, insbesondere die „schwarze Romantik" Lautréamonts, die das Abgründige, Dunkle, hinter der Wirklichkeit Stehende suchte. Auch begeisterten sich die Surrealisten für Freuds Psychoanalyse, die die Tiefen des Unbewussten ans Tageslicht rückte – womit sie bei Freud allerdings nicht auf Gegenliebe stießen. Traum- und Rauscherlebnisse und hypnotische Zustände waren daher Stoff ihrer Kreationen, die – wie schon bei Dada – auf Logik, Syntax und kunsthistorische Regeln verzichteten. Auf das Verfahren der „écriture automatique" haben wir in Kap. 6 über die Romantik schon hingewiesen. Es gibt ein weiteres Verfahren, das dazu dient, das kritische Denken auszuschalten: der „cadavre exquis" (der köstliche Leichnam). Breton beschreibt es folgendermaßen:

> Spiel mit gefaltetem Papier, in dem es darum geht, einen Satz oder eine Zeichnung durch mehrere Personen konstruieren zu lassen, ohne dass ein Mitspieler von der jeweils vorhergehenden Mitarbeit Kenntnis erlangen kann. Das klassisch gewordene Beispiel, das dem Spiel seinen Namen gegeben hat, bildet den ersten Teil eines auf diese Weise gewonnenen Satzes: Le cadavre-exquis-boira-le-vin-nouveau (frz. = Der köstliche-Leichnam-trinkt-den-neuen-Wein).[4]

Wir beschränken uns hier auf die Bedeutung von Puppen bzw. puppenähnlichen beweglichen Kreationen, die surrealistische Künstler einsetzen, um ihre Welt zu entfalten, in der Organisches mit Anorganischem verbunden ist, in der es keine Grenzen mehr gibt zwischen Bewusstem und Unbewusstem, Sinn und Wahnsinn, Traum und Wirklichkeit: die Surrealität.

Giorgio de Chiricos „Manichini" (Gliederpuppen, siehe Abb. 9.4) bilden einen Kontrast zu traumähnlichen Stadtansichten mit Türmen, Arkaden, menschenleeren Plätzen. Vertraute und erfundene Gegenstände werden auf ungewöhnliche, eben surreale, Weise zusammengestellt und sollen „die Abwesenheit des Menschen im Menschen" – so überschrieb der surrealistische Vordenker seine Kunst einmal – verdeutlichen.

Alberto Giacometti schafft seinen ersten beweglichen und stummen Gegenstand, „L'Heure des traces" (Die Stunde der Spuren). Eine fragile abstrakte Konstruktion, die Raum und Zeit, Erotik und Tod verbindet, soll die Geheimnisse des Unbewussten evozieren. Eine Käfigstruktur trägt empfindliche organische Gebilde. Die oberen Elemente wurden mit einem Skelett oder Phallus assoziiert, während das untere mit einem schlagenden Herzen oder dem Pendel einer Uhr in Verbindung gebracht wurde.

Der Besucher der „Exposition Internationale du Surréalisme" (1938) in Paris betritt die Ausstellung in einer Vorhalle, wo ihn ein schaurig-schrilles Kunstobjekt begrüßt: das „Taxi pluvieux" (Regentaxi, siehe Abb. 9.5) des Exzentrikers Salvador Dalí. In einem von Efeu umrankten Fahrzeug sitzt im Fond eine Schaufensterpuppe im Abend-Outfit mit einer Nähmaschine auf dem Nebensitz. Ihr Äußeres wird aber erheblich derangiert, da es im Taxi regnet und eine Fülle von lebendigen Wasser-

---

[4] André Breton/Paul Éluard: Dictionnaire abrégé du surréalisme. Paris: Ed. José Corti, 1938.

Abb. 9.4 Giorgio de Chirico, The Disquieting Muses

schnecken an ihr hoch kriecht. Der vor ihr sitzende Chauffeur, ebenfalls eine Puppe, trägt eine Sonnenbrille und ein Haifischgebiss, das in der Art eines Helmes über seinen Kopf gestülpt ist.

Elemente gegensätzlicher Natur, Anorganisches und Organisches, Technik und Natur, Lebendiges und Totes, Innen und Außen, Geborgenheit und Gefahr, werden nach der Logik des Traumes neu arrangiert, im wahrsten Sinne des Wortes „verrückt". Sie laufen den gängigen Erwartungen zuwider und kreieren im Kopf des Betrachters verstörende, aber vielleicht auch belustigende Assoziationen, die verborgene, unbewusste Zusammenhänge hinter vordergründigen Begriffen freilegen. Die Puppen dienen als Projektionsobjekte für die Gestaltung unterschwelliger Gefühle und Obsessionen.

Weitere Enthüllungen erwarten den Besucher in der Sektion „Plus belles rues de Paris" (Die schönsten Straßen von Paris) mit surrealistisch gestalteten Schaufensterpuppen. Die 16 von verschiedenen Künstlern gestalteten Puppen verkörpern unterschiedliche Facetten der erotischen Phantasie, verraten unbewusste Triebe und Abnormitäten des Begehrens. Große Beachtung findet André Massons Puppe: Über ihren Kopf wurde ein Vogelkäfig gestülpt, in dem scheinbar Goldfische herumschwimmen. Der Mund ist mit einem grünen Samtband verschlossen und an seiner Stelle befindet sich die Blüte eines Stiefmütterchens (auf Französisch: „pensée", was auch „Gedanke" heißen kann). Das Geschlecht bedeckt ein Oval, das von

Abb. 9.5 Salvador Dali: Taxi pluvieux, 1938

Glasaugen umschlossen ist und von dem Federn nach oben führen. Unter der Puppe „wuchsen aus einem Boden von groben Salzkörnern kleine, in Fallen gefangene rote Paprikaschoten, die sich wie viele winzige Erektionen zum Geschlecht der Puppe hinaufstreckten.“ (Daniel Abadie: Die internationale Surrealismusausstellung, Paris 1938.)

Georges Hugnet, ein zeitgenössischer Surrealist, führt rückblickend die Faszination der Schöpfer für ihre Schöpfungen auf ein altbekanntes Phänomen zurück:

> Diese Schönheiten (...) verkörperten, in einem Traum aus Pappe, das ewig Weibliche. Angesichts dieser schlanken Stars mit funkelndem Haar, in lang geschwungenen, seidigen Wimpern geborgenen Augen, kleinen Apfelbrüsten und den Lenden einer Windhündin, und deren gelassener Schamlosigkeit fühlten die surrealistischen Künstler, denen die Bemühung vor Augen stand, sie zu idealisieren, indem sie ihrem eigenen Begehren Gestalt verliehen, sämtlich in sich die Seele Pygmalions.[5]

Auf besagter Surrealismus-Ausstellung war auch ein deutscher Künstler vertreten, der die Puppe zum Zentrum seiner künstlerischen Tätigkeit machte. Hans Bellmer stellt sich in seinen „Erinnerungen zum Thema Puppe“ die Frage: „War nicht in der Puppe, die nur von dem lebte, was man in sie hineindachte, die trotz ihrer grenzenlosen Gefügigkeit zum Verzweifeln reserviert zu sein wusste, war nicht in

[5] Georges Hugnet: Pleins et déliés, Paris 1972.

der Gestaltung gerade solcher Puppenhaftigkeit das zu finden, was die Einbildung an Lust und Steigerung suchte?“ (Hans Bellmer: Die Puppe, Frankfurt 1972) Er stellt den traditionellen anatomischen Aufbau des menschlichen Körpers in Frage, indem er z. B. beim Zahnschmerz von einem „reellem Erregungszentrum“ (Sitz des Zahns) und einem „virtuellen Erregungszentrum“ (heftige Muskelreaktion in der Hand, Fingernägel, die sich schmerzhaft in die Haut bohren) spricht. Das virtuelle Erregungszentrum führe zu einer befreienden Verlagerung des Schmerzes. Im Kommentar zu einer Zeichnung eines sitzenden kleinen Mädchen erläutert er, wie sich „reine Wahrnehmung“ und „reine Vorstellung“ vereinen, indem das Geschlecht auf die hochgezogene Schulter, das Bein auf den Arm und der Fuß auf die Hand projiziert werden, was die halb bewusste Laszivität des Mädchen und/oder des Betrachters andeutet.

Untersuchungen zur Hysterie bei jungen Mädchen (von Lombroso und vor allem von Freud) zeigten, wie aufgrund von Verdrängung verpönte reelle Erregungsherde, wie z. B. das Auge, das obszöne Dinge gesehen hat, von akzeptierten virtuellen Erregungsherden, z. B die „sehende“ Hand, die die Verleugnung der Sehkraft mit den Augen bedeutet, übernommen werden. Der Extremfall wäre eine Projektion auf ein anderes Ich, wenn z. B. bei der Schizophrenie, ein Erregung erleidendes Ich sich von einem Erregung erzeugenden Ich abspaltet.

Bellmer verweist auf die Traumdeutung Freuds, der feststellt, dass der Traum Gegensätze vereinigt, in einem einzigen Gegenstand verkörpert oder etwas durch sein Gegenteil ausdrückt und dies u. a. auch darauf zurückführt, dass die primitive Sprache nur über ein Wort als sog. Urwort für entgegengesetzte Eigenschaften oder Handlungen verfügt („altus“ für hoch und tief, „sacer“ für heilig und verflucht), das erst später modifiziert wird, und dass die Buchstabenfolge mancher Wörter reversibel sind (Pot-Topf/Geiß-Ziege). – Ist nicht auch der Karneval von der Idee her eine Aus-Zeit der Menschen, in der sie ihr Gegenteil verkörpern können? – Bellmer zieht zu Freuds Beobachtungen eine Parallele zu seinem Kunstkonzept: Die neugestalteten Puppen verkörpern Gegensätze in einem Gegenstand, können männliche und weibliche Merkmale als hermaphroditische Gestaltung aufweisen – Äußeres und Inneres, Reelles und Virtuelles kann miteinander verschmolzen werden. So löst sich das traditionelle Bild des menschlichen Körpers und auch das der herkömmlichen Sexualität auf und durch Zerstückelung, Verdichtung, Übertragung, Projektionen werden die den Objekten innewohnenden, oberflächlich nicht sichtbaren Zusammenhänge sichtbar gemacht. Die Anatomie des Körpers entspricht der Bildung der Wörter: Buchstaben stehen für Körperglieder bzw. Organe. Seine Lebensgefährtin Unica Zürn löst die Grammatik der Sprache und die Identität von Signifikant (Lautbild) und Signifikat (Inhalt) in Anagrammen auf und entzieht sich – ähnlich wie die Surrealisten mit ihrem automatischem Schreiben – dem von der Vernunft diktierten Korrektiv der traditionellen Schreibweise. Bellmer nennt seine von ihm gestalteten Puppen und deren Fotografien „anagrammatische Konstruktionen“, da sie vertraute Konzepte zerstören und einzelne Elemente bzw. Körperteile in einer neuen Anordnung eine Metamorphose eingehen, die auf den ersten Blick irritierend wirken kann.

Unica Zürn

Wir lieben den Tod
Rot winde den Leib,
Brot wende in Leid,
ende Not, Beil wird
Leben. Wir, dein Tod,
weben dein Lot dir
in Erde. Wildboten,
wir lieben den Tod

(Berlin 1953–1954)

Man könnte sagen, dass Hans Bellmer und Unica Zürn wie viele andere ihrer Künstlerkollegen dem Druck ihrer psychischen Verletzungen gehorchten. Bellmer litt unter seinem faschistischen Vater und floh vor dem Faschismus nach Frankreich. Unica Zürn litt an Schizophrenie und setzte ihrem Leben durch einen Sprung aus dem Fenster ein Ende. Das Kunstkonzept der beiden war nach der faschistischen Kunstauffassung im Dritten Reich der Inbegriff des „Entarteten", da sie die Ästhetik des Ganzen, „Gesunden", deren Verlogenheit sich in propagandistischer Sprache (Goebbels) und in propagandistischen Bildern (Leni Riefenstahl) manifestierte, demaskierten. Man könnte sagen, dass sie mit der tradierten Zuordnung von Wort und Bedeutung bzw. Form und Inhalt brachen, da sie an diesem Konzept zerbrachen und keinen anderen Ausweg sahen.

Doch der Bestand und die Weiterentwicklung ihres künstlerischen Ansatzes und ihre Nachfolgerschaft bestätigen sie und viele andere Surrealisten als Avantgardisten, die der Entfremdung des Menschen, die zu Beginn des 20. Jahrhunderts durch das Überhandnehmen der Technik,[6] durch den immer dramatischer werdenden Antagonismus von Mensch und Maschine in der Kunst entgegenwirkten. Die Künstler haben den Spieß gewissermaßen umgedreht, sich mechanistische Verfahren zu eigen gemacht, indem sie das traditionelle Konzept Mensch auseinandernahmen und neu gestalteten, um die komplexen Verknüpfungen von Unbewusstem und Bewusstem, Virtuellem und Reellem bloßzulegen und sich neu zu definieren. So hat der Mensch wieder – zumindest im künstlerischen Bereich – Oberhand bekommen und ist – im Sinne der Aufklärung – schöpferisch geworden.

Die Fortführung des Konzepts des spielerischen und befreienden Umgangs mit mechanistischen Verfahren soll hier an einigen Beispielen dargestellt werden.

1985 präsentiert die Kunsthalle der Hypo-Kulturstiftung in München den Schweizer Künstler Jean Tinguely, Mitbegründer der „Nouveaux Réalistes" (neben Arman, César, Yves Klein, Niki de Saint-Phalle und Daniel Spoerri). Die lustigen Maschinen-Skulpturen ziehen die Besucher magnetisch an. Diese lärmenden, mit Motoren betriebenen, oft aus Schrottteilen zusammengebastelten Ungetüme bewegen sich fleißig und ohne Sinn. Man befindet sich vor einem altarähnlichen Aufbau mit vor dem Altar knienden, aber, sofern man den entsprechenden Knopf bedient, auf Schienen vor dem Heiligtum hin- und hergleitenden Andächtigen oder

[6] Siehe auch: „cultural lag" auf Seite 67.

Messdienern. Sofort stellen sich Kindheits-Erinnerungen an Mess-Rituale ein, die aufgrund ihres Abrakadabras völlig undurchschaubar und sinnlos wirkten, jedoch mit unverständlichem Ernst regelmäßig perpetuiert wurden. Intuitiv versteht man, was der Künstler meint. Aber nicht jeder kann das als Kunstwerk akzeptieren, wie einige Mienen bzw. geschüttelte Köpfe verraten. In einem vermeintlich unbeobachteten Augenblick kann jedoch einer der indignierten Besucher nicht widerstehen und ... drückt auf das Knöpfchen. Das will Tinguely: Der Betrachter soll einbezogen werden, sich erheitern oder verstören lassen, über die Maschinerie der Moderne, hohle rituelle Abläufe, den Kunstbetrieb, die Absurdität der Industriewelt nachdenken, sie verlachen oder fürchten.[7]

Die Kritik an der modernen Industrie- und Kunstwelt findet ihren Höhepunkt mit seinen Phantasiemaschinen, den sogenannten „Méta-Matics" (siehe Abb. 9.6). Sie sind so konstruiert, dass sich die Skulpturen fortlaufend verändern. So entstanden Zufallsskulpturen, die entweder zur Herstellung von Zeichnungen dienten - eine ironische Diskreditierung des Künstlergenies! – oder sich selbst zerstörten, wie geschehen bei einem Happening im Garten des Museum of Modern Art in New York 1960.

In den achtziger Jahren wird sein Ton ernster: Aus den Überresten eines in seiner Nachbarschaft abgebrannten Bauernhofes und dort vorgefundenen maschinellen Versatzstücken konstruiert Jean Tinguely 1986 in Anlehnung an die Tradition der

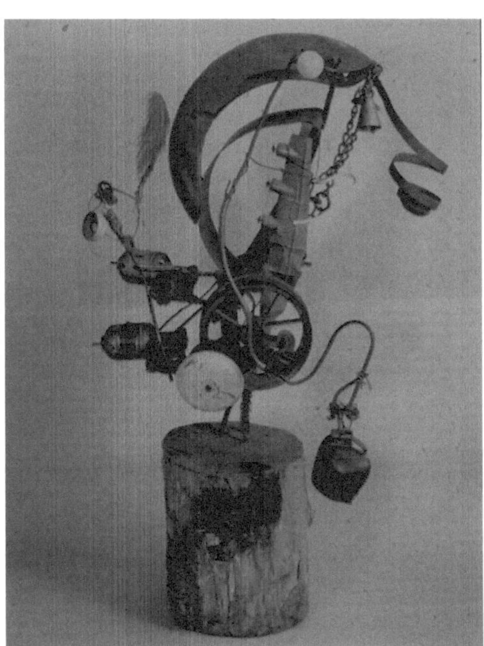

Abb. 9.6 Tinguely Baluba Nr. 3 (Museum Ludwig, ML 1141)

[7] Man sehe sich diese Skulpturen am besten im Internet an, um die mechanischen Abläufe zu erleben!.

mittelalterlichen Totentänze einen makabren Mengele-Totentanz, der auf die Gräueltaten des KZ-Arztes Josef Mengele verweist. Die grauenvolle Atmosphäre des Brandortes, der Geruch der verbrannten Tiere, eine Maismaschine mit der Aufschrift „Mengele" inspirierten Tinguely zur Schöpfung der „sich aus vierzehn Maschinenplastiken zusammensetzenden Totentanzgruppe" (Informationen: Museum Tinguely, Basel).

Als Jean Tinguely 1955 Niki de Saint-Phalle begegnete, wusste sie: „Er war die Person, die ich treffen musste." Die Künstlerin, die mit ihrer Kunst das Trauma des sexuellen Missbrauchs durch ihren Vaters verarbeitete, wurde mit den schrillen, naiv wirkenden und bunten „Nanas" berühmt, deren Urmutter eine begehbare 27 m lange liegende Frauenfigur mit Eingang durch die Vagina war und zum Symbol weiblicher Stärke wurde. Mit Tinguely kreierte sie 1982/1983 den Strawinsky-Brunnen vor dem Centre Pompidou in Paris: 16 bewegliche Figuren beziehen sich auf die wichtigsten Kompositionen des russischen Musikers. Tinguely baute riesige bewegliche Maschinen für den Brunnen und St.-Phalle kreierte die bunten Fabelwesen (Abb. 9.7).

Beide Künstler gehen mit dem Instrumentarium der Mechanik oder der Puppen souverän und humorvoll um, ohne dabei an Seriosität einzubüßen. Die Prinzipien, die von den Ahnen des Dadaismus und Surrealismus erkämpft wurden, sind hier wie auch bei der Pop-Art oder anderen Richtungen der modernen Kunst selbstverständliche und unangefochtene Basis geworden, an der kaum mehr jemand Anstoß nimmt.

Das spielerische Moment der surrealistischen Techniken hat auch in der Literatur Einzug gehalten und ist – wie bei der bildenden Kunst – auch in kindlichen Ausdrucksformen vorhanden. Jeder kennt das Lied mit den „Dra Chanasan spalten Kantrabaß and gangan auf da Straßa and erzählten sach was", das man mit allen Vokalen singen kann, vorausgesetzt man hält sich an die Regel, dass nur der jeweils aktuelle Vokal eingesetzt wird. Ähnlich arbeitet Oulipo, ein Akronym von „L' Ouvroir de Littérature Potentielle" (franz. „Werkstatt für Potentielle Literatur"), ein Autorenkreis, den 1960 François Lionnais und Raymon Queneau gründeten. Seine

Abb. 9.7 Strawinsky-Brunnen in Paris (Quelle: Dieter Weinkauf, Stuttgart)

Mitglieder entstammen aus dem „Collège de Pataphysique" (gegründet zu Ehren des Urahns der Bewegung, Alfred Jarry). Das Ziel ist die „Spracherweiterung durch formale Zwänge" (sprich: Regeln). Das klingt zunächst paradox: Wie kann Zwang zu einer Erweiterung führen? Bedeutet Zwang nicht eher Einschränkung? Die Festsetzung der Regel oder Auferlegung des Formzwangs ist ein selbstbestimmter Akt, der unabhängig von der Geschichte bzw. der persönlichen Biographie erfolgt, und daher ein freier Akt. Im Grunde hat Oulipo nichts Neues erfunden, wenn man bedenkt, dass lyrische Gestaltung immer bestimmten Zwängen oder Regeln unterliegt. Oulipoten gab es bereits vor Oulipo. Diese Bewegung stellt allerdings eine besondere Sicht auf die Literatur in den Vordergrund: Auf das „Wie" kommt es an. Die Kunst, den selbstgebauten Hindernisparcours zu überwinden, kann als Spiel und als intellektuelles Vergnügen betrachtet werden. Als Oulipote könnte auch Jandl durchgehen:

ottos mops trotzt
otto: fort mops fort
ottos mops hopst fort
ottos mops komm
ottos mops kotzt
otto: ogottogott[8]

Das poetologische Konzept der Oulipisten hat mittlerweile Kultstatus in Frankreich. Monatlich finden in der Pariser Nationalbibliothek Lesungen bzw. polyphone Gruppenlesungen (nach dem Vorbild der Dadaisten) statt, bei denen neue Schöpfungen präsentiert werden. Ein Novum der Oulipoten ist es, Formzwänge auch bei Romanen einzuführen. Georges Perec gelang es, einen 300-seitigen Roman zu verfassen, der auf den wichtigen Vokal „e" verzichtet und hintersinnigerweise den Titel „la disparition" (zu Deutsch: das Verschwinden) trägt. Man kann sich vorstellen, welche Mühe es bereitet, so ein Werk zu übersetzen, ohne dass es an Lesbarkeit einbüßt. Eugen Helmlé gelang dies mit „Anton Voyls Fortgang"(deutscher Titel). Hören wir einmal in den Text hinein:

> Voyl haust (doch das war mal) fast lichtlos, da Opalglas im Raum das Licht stark abhält. Mobiliar und Luxus sagt ihm nichts, darum ist Antons Wohnung schlicht und schmucklos. Kalkwand, Tisch, Stuhl und Sofa, und dazu stinkts furchtbar nach Knoblauch. Damit hat sichs. Für Bad und so was hat Anton Voyl nichts übrig, hälts für nutzlos, das ist für ihn Klimbim und Hokuspokus.

Die französische Sprache ist auf Grund der vielen gleichklingenden Wörter eine wahre Fundgrube für Oulipoten, während man dem Deutschen nicht so ohne Weiteres lautmalerische Operationen oder Sprachspiele abgewinnen kann. Meister dieser Technik sind der oben bereits zitierte Ernst Jandl und Willy Astor, ein Wortakrobat erster Güte. Eine kleine Kostprobe aus „Kinomo" von Willy Astor:

> Es geschah am helllichten Tag, jenseits von Afrika, nur die Sonne war Zeuge als am Himmel über Berlin die Vögel mit Speed über ein Kuckucksnest flogen. Einer der Vögel wurde vom Winde verweht. Wollen Sie wissen, welcher? Der Star war's. Auf dem Planet der Affen

---

[8] Erschienen in: der künstliche baum 1970.

kreiste eine Fliege um die Rosette eines rosaroten Panters: Das kleine Arschloch. Derweil machten die zwölf Geschworenen mit Hanna und ihren Schwestern seit 9 Wochen Ferien bei Monsieur Hulot und bewunderten Bonnie und ihr neues Kleid. Sie kaufte es für eine handvoll Dollar, als aus einem taxi dri-ver wegene Gestalten in der blauen Lagune auftauchten. Dr. Shiwago als der große Blonde mit dem schwarzen Schuh, ein Indianer Jones und der dritte Man in black war der Bodyguard von Shiwago. Eben jener stand nun mit seinem Kimono am Beach und suchte nach einem englischen Patient, der sich am Freitag, den 13., kurz vor einer Untersuchung in seinem Appartement über das Fenster zum Hof zuerst nach Casablanca absetzte und seit einem letzten Tango in Paris auf der Flucht verschollen war.

Der amerikanische Komiker und Wortkünstler Demetri Martin schrieb ein Gedicht, das als Ganzes als Palindrom, also vorwärts und rückwärts gleich, zu lesen ist:

Dammit I'm mad.
Evil is a deed as I live.
God, am I reviled? I rise, my bed on a sun, I melt.
To be not one man emanating is sad. I piss.
Alas, it is so late. Who stops to help?
Man, it is hot. I'm in it. I tell.
I am not a devil. I level „Mad Dog".
Ah, say burning is, as a deified gulp,
In my halo of a mired rum tin.
I erase many men. Oh, to be man, a sin.
Is evil in a clam? In a trap?
No. It is open. On it I was stuck.
Rats peed on hope. Elsewhere dips a web.
Be still if I fill its ebb.
Ew, a spider . . . eh?
We sleep. Oh no!
Deep, stark cuts saw it in one position.
Part animal, can I live? Sin is a name.
Both, one . . . my names are in it.
Murder? I'm a fool.
A hymn I plug, deified as a sign in ruby ash.
A Goddam level I lived at.
On mail let it in. I'm it.
Oh, sit in ample hot spots. Oh wet!
A loss it is alas (sip). I'd assign it a name.
Name not one bottle minus an ode by me:
„Sir, I deliver. I'm a dog"
Evil is a deed as I live.
Dammit I'm mad.[9]

In einem Sketch zum Thema „Safety first" erklärt er:

„A lot of creatures tell you what to do when you are around them and you want to stay safe by writing their name":

Bei einer Ente, also „duck", solle man sich ducken (to duck), damit sie einem nicht an den Kopf fliegt. Oder eine Fledermaus, „bat", rät einem, sie wegzuschlagen (to bat). Der Dachs, „badger" warnt einen davor, dass er einen piesackt oder plagt

9 www.DemetriMartin.com.

(to badger). Aber es gebe auch Tiere, die „tricky“ seien, z. B. der Löwe, „lion“, bei ihm müsse man das Gegenteil tun: „Do not lie on!“

Wir haben nun einige Proben der kulturgeschichtlichen Entwicklung im 20. Jahrhundert untersucht und festgestellt, dass sich ein Wandel vollzogen hat: Die anfängliche Angst vor der Bedrohlichkeit der Maschine, das Gefühl der Menschen, sich selbst fremd zu werden, mutierte zu einem vorsichtigem Umgang mit mechanistischen Verfahren, die als Provokation gedacht waren, sich letztlich aber als hilfreich erwiesen, was die Erforschung der eigenen Identität anging, und Freiraum für phantasievolle Kreativität schaffte. Letztlich sind sie selbstverständlicher Bestandteil schöpferischer Verfahren geworden und stellen eine Bereicherung der Ausdrucksformen dar. Die Reibung mit dem Konzept Maschine hat sich letztlich gelohnt. Woran das liegt? Vielleicht hat sich im Bewusstsein die Vorstellung manifestiert, dass auch dem Menschen Mechanisches innewohnt und dass dies gar nicht so schlecht sei. Das ist natürlich kein Verdienst des 20. Jahrhunderts. Auch in anderen Epochen war die Interaktion Mensch - Maschine ein wichtiges Thema, jedoch hat sich der Antagonismus im 20. Jahrhundert extrem zugespitzt und findet daher besondere Beachtung. Es soll auch nicht behauptet werden, dass nun so etwas wie Friede herrsche, aber es ist nicht zu übersehen, dass der Umgang ein anderer geworden ist.

Kapitel 10
Die Robotergesetze

In Kap. 7 haben wir schon einmal Asimov mit seinen Robotergesetzen erwähnt. Warum bedarf es besonderer Gesetze, die Roboter befolgen müssen? Ist doch während der Aufklärung die Entwicklung von Automaten und Androiden förmlich aufgeblüht. Die Welt staunte und bewunderte den schachspielenden Türken, die verdauende Ente oder den flötenspielenden Androiden. Während der Romantik scheint die Situation etwas differenzierter: Einerseits verliebt sich der Protagonist im „Sandmann" in die mechanische Puppe Olimpia und ist blind vor Liebe; andererseits leidet Dr. Frankenstein darunter, dass er Unheil über die Welt gebracht hat, indem er das Monster schuf. Wir wollen in diesem Abschnitt diskutieren, warum Roboter nun im 19. und 20. Jahrhundert auch stark bedrohliche Züge tragen.

Der Begriff „Roboter"

Roboter wurden in den vergangenen Kapiteln aus verschiedenen Epochen erwähnt. Den Begriff „Roboter" gibt es jedoch erst seit 1921, wo er von dem tschechischen Schriftsteller Karel Čapek in seinem Schauspiel R.U.R. (Rossums Universal-Robots) geprägt wurde. Der Begriff geht auf das slawische Wort „robota", Fronarbeit, zurück; und genau darum geht es in dem Stück. Die Firma R.U.R. produziert Androiden, die eigentlich dazu gedacht sind, dem Menschen die Arbeit zu erleichtern. Diese Roboter bestehen aus einer chemischen Substanz, die sich wie Protoplasma verhält. Sie übernehmen nach einigen Jahren die Weltherrschaft und vernichten die gesamte Menschheit – lediglich ein Mensch, Alquist, überlebt, er soll die Formel für den Werkstoff wiederfinden, die verloren gegangen ist. Die Geschichte eskaliert, führt aber schließlich dazu, dass zwei Roboter, die sich ineinander verlieben, von Alquist als neue Adam und Eva, und damit als Verantwortliche für die Welt, eingesetzt werden.

R.U.R. ist aber nicht nur wegen des ersten Vorkommens des Begriffs Roboter interessant, es wird hier auch schon deutlich gemacht, dass die Maschinen, die eigentlich zum Nutzen des Menschen entworfen sind, sich auch gegen den Menschen stellen können. Wenn man bedenkt, dass der Autor Tscheche ist, lässt sich

U. Barthelmeß, U. Furbach, *IRobot – uMan*,

DOI 10.1007/978-3-642-22928-2_10,

auch unschwer eine Parallele zur Golem-Geschichte, die ja auch in Prag spielt, konstruieren.

Nun taucht hier diese Bedrohung nicht ganz unvermittelt auf, wenn man das Szenario vor dem Hintergrund der Industriellen Revolution im 19. Jahrhundert interpretiert. In Kap. 8 wurde der Beginn der Industrialisierung in Europa geschildert; hier wurde deutlich, dass es sich in der Tat um eine Revolution gehandelt hat: Maschinen haben das Zepter übernommen, indem sie die Arbeitsbedingungen und vor allem auch den Arbeitsrhythmus bestimmt haben. Die Zeit, die genaue Uhrzeit, begann eine besondere Rolle zu spielen: Bisher hatte der lokale Schlag der Kirchturmglocken die Zeit angegeben, wie spät es im Bereich der Nachbarkirche oder gar einer anderen Stadt war, spielte keine Rolle. Durch die Verbreitung der Eisenbahn (und natürlich der modernen Kommunikationsmittel) wurde es notwendig, eine „allgemeine vereinheitlichte Zeit" einzuführen. Nur so konnten Fahrpläne definiert und eingehalten werden. In Deutschland trat im Jahr 1893 das „Gesetz betreffend der Einführung einer einheitlichen Zeitbestimmung" in Kraft.

Inwieweit der Takt der Uhr und der Maschinen den Menschen beherrscht haben, wird eindrucksvoll in Filmen aus der ersten Hälfte des 20. Jahrhundert geschildert: In Charles Chaplins „Moderne Zeiten" wird die groteske Situation des Arbeiters am Fließband dargestellt. Chaplin spielt in seinem zum Markenzeichen gewordenen Tramp-Outfit einen Fließbandarbeiter, der nichts anderes tun soll, als Schrauben anzuziehen. Um die Produktion zu steigern, wird das Laufband auf immer größere Geschwindigkeiten eingestellt, so kommt Chaplin aus dem Rhythmus, muss den Schrauben hinterherrennen, wird immer verwirrter, fängt an, überall Schrauben zu sehen und dreht auch an den Knöpfen einer Jacke – nichts ist mehr vor ihm sicher. Er gerät in eine Art Trance, tanzt durch die Hallen und wird schließlich von eine riesigen Maschine verschlungen. Wunderbare Slapstick-Effekte bietet eine Füttermaschine, die eingesetzt werden soll, damit die Arbeiter keine Zeit beim Essen verlieren. Charlie landet in einer Heilanstalt und später, nach vielen Umwegen, in den rettenden Armen eines Mädchens, mit dem er mittellos, aber glücklich auf einer Landstraße in eine ungewisse Zukunft davonzieht. Dass auch der Verlust der Individualität ein wichtiges Thema des Filmes (der auch ursprünglich „The Masses" heißen sollte) ist, verrät Chaplins Skript-Notiz über die beiden Figuren:

> Die beiden einzigen lebendenden Geister in einer Welt der Automaten. Sie leben wirklich. Beide besitzen einen ewig jugendlichen Geist und gehorchen keiner Moral. Lebendig, weil wir Kinder sind ohne Verantwortungsgefühl, während der Rest der Menschheit von Pflichten niedergedrückt wird. Wir sind im Geiste frei. Wir bestreiten unseren Lebensunterhalt durch Betteln, Borgen, Stehlen. Zwei fröhliche Geister, die sich mehr oder weniger ehrlich durchs Leben schlagen.

Chaplin hat sich mit diesem Film den Vorwurf eingehandelt, er würde dem Kommunismus das Wort reden. Nabokov sinniert beim Anblick eines Beets mit Stiefmütterchen über „ihre Ähnlichkeit mit einer Schar nickender kleiner Hitlers" und assoziiert in dieser Vision den Slapstick-Tramp aufgrund des gleichen schmalen Schnauzbartes. (siehe Abb. 10.1). Die Ähnlichkeit der beiden Figuren wird in der Satire „Der große Diktator" brillant instrumentalisiert: Diktator Hynkel terrorisiert ein jüdisches Ghetto, in dem ein jüdischer Frisör und dessen Geliebte bedroht

Abb. 10.1 Stiefmütterchen – Chaplin (Quelle: Serviceplan Hamburg/München, Francisca Maass)

werden. Als dieser am Ende des Films aus einem KZ fliehen kann und eine Uniform trägt, wird er mit Hynkel verwechselt und muss an seiner Stelle eine Rede halten, die im Radio übertragen wird. Er nutzt die Gelegenheit und appelliert an Menschlichkeit und Weltfrieden. Hier ein kurzer Auszug aus der Rede, der zeigt, wie Chaplin die ideologische Indoktrinierung der Menschen als Entmenschlichung und buchstäblich als Reduktion auf automatisches Funktionieren verstanden hat:

> Wir haben die Geschwindigkeit entwickelt, aber innerlich sind wir stehengeblieben. Wir lassen Maschinen für uns arbeiten, und sie denken auch für uns. Die Klugheit hat uns hochmütig werden lassen und unser Wissen kalt und hart. Wir sprechen zu viel und fühlen zu wenig. Aber zuerst kommt die Menschlichkeit und dann erst die Maschinen. Vor Klugheit und Wissen kommt Toleranz und Güte. Ohne Menschlichkeit und Nächstenliebe ist unser Dasein nicht lebenswert. Aeroplane und Radio haben uns einander nähergebracht. Diese Erfindungen haben eine Brücke geschlagen von Mensch zu Mensch, die erfassen eine allumfassende Brüderlichkeit, damit wir alle Eins werden.... Ihr werdet gedrillt, gefüttert, wie Vieh behandelt und seid nichts weiter als Kanonenfutter. Ihr seid viel zu schade für diese verwirrten Subjekte, diese Maschinenmenschen mit Maschinenköpfen und Maschinenherzen. Ihr seid keine Roboter, Ihr seid keine Tiere, Ihr seid Menschen!

Zur Produktionszeit (1940) war das verbrecherische Ausmaß der Nazizeit, insbesondere im Hinblick auf die Todesmaschinerie der KZs, noch nicht absehbar. Chaplin schreibt in seiner Biographie, dass er den Film nie gedreht hätte, wenn er gewusst hätte, was in den KZs passierte. Es ist im Rückblick wirklich erstaunlich, mit welch prophetischem Gespür der Regisseur diese mörderische Ideologie, ihre Mechanismen und ihre Vertreter durchschaut hatte.

Weniger pathetisch, aber in gleichem Maße perfektionistisch führt Jacques Tati seinen Krieg gegen die Maschine. Der Held in seinen Filmen (von Tati selbst gespielt) ist ein ebenso beharrlicher wie erfolgloser Sysiphos, der gegen eine monströse technisierte Welt kämpft, in der seine Mitmenschen zu Robotern des technisierten Zeitalters geworden sind. In „Mon oncle“ (1958) holt Monsieur Hulot täglich seinen Neffen Gérard Arpel ab, um ihn an der Behaglichkeit seines altmodischen, aber lebendigen Zuhauses teilhaben und ihn wenigstens für ein paar Stunden die sterile vollautomatische Welt seiner Eltern vergessen zu lassen: Die Architektur hat sich dem Dämon der Technik gänzlich unterworfen. Abweisende geometrische Gestaltungsformen verbannen jegliche Präsenz von Natur. Der Garten besteht aus Plattenkonstruktionen oder Kästen, die mit bunten Schaumstoffkügelchen gefüllt sind, die Beete oder Blumenrabatte ersetzen. Ein absurd langer Steinweg mäandriert vom Eingangstor zum Hauseingang, das Interieur ist ebenso ultramodern wie unbequem. Die Menschen haben sich ihrerseits wiederum der Architektur unterworfen: Alle, die das Haus betreten (ja sogar der Hund!), laufen die unsinnig lange Strecke auf besagtem Weg und unterziehen sich der Tortur des unbequemen Mobiliars. Die absurde Choreographie ihrer Bewegungen wird durch das unheimlich hallende Klacken ihrer Schuhe, ja sogar durch das deutlich hörbare Rauschen der synthetischen Kleidung unterstrichen. Diese Geräusche ersetzen alle menschlichen Laute. Die schrillen Phrasen, die hin und wieder abgefeuert werden, verstärken lediglich den Gänsehaut-Effekt. Natürlich bietet die jedes Detail erfassende Technisierung des Haushalts Nahrung für herrliche Slapstick-Pointen; aber die Lachlust wird gedämpft, wenn man sieht, wie spießig diese Roboter des technisierten Zeitalters sich verhalten: Madame hört das Läuten der Klingel, schaltet einen wasserspeienden Blechfisch ein – aus Kostengründen wird er nur beim Erscheinen von Gästen aktiv –, bewegt sich umständlich auf dem Gartenweg zum Tor und schaltet enttäuscht den Brunnen aus, als sie Hulot als (unwürdigen) Gast erkennt! Hinter einer Fassade von Luxus wohnt ein Geizkragen. Haus und Garten sind in Abb. 10.2 zu sehen.

Wenn Madame Gatten und Sohn zum Auto begleitet, wienert sie ihnen mit dem Putztuch hinterher, auch der schon losfahrende Wagen kriegt noch ein paar Polierer ab... Sie ist überhaupt den ganzen Tag dabei, in ihrer giftgrünen Schürze zu putzen. Der technische Fortschritt hat ihr offenbar keinen Freiraum für Selbstverwirklichung geschaffen. Lediglich beim Besuch ihrer Freundinnen, deren Bewunderung und Neid sie rückhaltlos genießt, legt sie die Schürze ab. Wenn der Sohn völlig verdreckt von seinen Ausflügen mit dem Onkel zurückkommt, wird er einer ruppigen Desinfektionsmaßnahme unterzogen: Ein Preis für seine Abenteuer, den er sicher gern in Kauf nimmt. Technik dient in diesem Film als Prestigeobjekt für Neureiche, sie bestimmt ihr Leben, verdrängt ihre Gefühle. Hulots Einsatz, dessen schmunzelnde Lebensweisheit einen Hauch Hoffnung aufkeimen lässt, ist ein Tropfen auf den heißen Stein.

Abb. 10.2 Haus und Garten der Familie Arpel (Quelle: Benoît Fougeirol)

Ein recht trauriges Bild zeichnet Fritz Lang in „Metropolis", einem sehr frühem Science-Fiction-Stummfilm: Die gigantische Stadt Metropolis ist in Ober- und Unterwelt aufgeteilt. In der Unterwelt arbeiten die Massen automatengleich an riesigen Maschinen, um den Schönen und Reichen in der Oberwelt ein angenehmes Leben zu ermöglichen. Metropolis thematisiert neben den gesellschaftskritischen Aspekten auch die Entwicklung von Adroiden; darauf werden wir später nochmals zurückkommen.

Einen Bogen von der Industrialisierung im 19. Jahrhundert bis in die Zukunft, spannt Michael Cunningham in seinem Buch „Helle Tage": In einem ersten Teil schildert er, welche Macht die Maschinen in den Fabriken New Yorks zu Zeiten der Industrialisierung haben. Die Maschinen holen sich ihre Menschenopfer; die riesige Stanzmaschine zieht den Arbeiter in ihre tödliche Reichweite; Maschinen lassen die Toten zu den Nachfolgern der Opfer sprechen, um auch sie zu holen. Selbst Maschinen, die nicht selbst töten können, wie zum Beispiel die Maschinen in der Näherei, setzen die gesamte Fabrik in Flammen und holen sich so ihre Beute. Maschinen beherrschen die Arbeitswelt, die Arbeiter selbst sind eintönig, einsilbig und zeigen keine Emotionen. Der Protagonist dieses Teils, ein Kind in einer solchen Fabrik, denkt und redet in Versen des amerikanischen Lyrikers Walt Whitman. In einem weiteren Teil schildert Cunningham, wie zur Zeit des New Yorks nach 9/11 aus verlassenen Kindern Mördermaschinen gezüchtet werden können; hier werden Menschen zu Maschinen erzogen – sie kennen nur einen Zweck ihres Daseins: töten. Als Lebensmaxime und Erziehungsmethode wird wiederum Lyrik von Walt Whitman herangezogen. In einem dritten Teil schließlich existiert New York nur noch als gigantisches Museum, in dem Androiden Dienst tun, um Touristen zu erschrecken und zu unterhalten. Einer der Androiden entflieht seiner Umgebung; es drängt ihn zurück zu den Ursprüngen, in die Stadt, in der sein Schöpfer bzw. Erfinder lebt. Er entdeckt ihn schließlich; findet dabei immer mehr zu sich selbst, entwickelt Eigenständigkeit und versetzt dabei seinen Erfinder in Erstaunen. Dieser hatte nicht erwartet, dass die einfachen Lyrikmodule (wiederum Walt Whitman), über die der Android verfügt, solch ein Entwicklungspotential haben. Dies sind zwei Aspekte, die immer wieder in der Literatur behandelt werden: Der Roboter sucht seinen Schöpfer, er will etwas über seine Herkunft erfahren und die Entwicklung von Gefühlen. Hier dient Lyrik als Grundbaustein für die Entwicklung von Bewusstsein und Emotionalität bei Robotern!

Asimovs Robotergesetze

Roboter waren also zu Beginn des 20. Jahrhunderts durchaus eine Bedrohung, sie beeinflussen die Lebensbedingungen und die Sicherheit des Menschen. Auch an den Verfilmungen der Frankenstein-Novelle aus den Anfängen des Kinos kann man dies erkennen. Zumeist wird Mary Shelley's Novelle (siehe Seite 55) so verändert, dass sie eher den Tenor der Golem-Sage widerspiegelt: Der Mensch wird bestraft, weil er sich anmaßt Leben zu schaffen. Die bekannteste Film-Version ist aus dem Jahr

Abb. 10.3 Boris Karloff als Monster in *Frankenstein*, 1931 (Quelle: Universal Studios)

1931, sie prägte auch maßgeblich die Vorstellung, die die meisten Menschen auch heute noch mit „Frankenstein" verbinden (siehe Abb. 10.3).

In dieser Verfilmung der romantischen Novelle wurde neben einigen kleineren Änderungen an der Geschichte die Entstehung des Monsters so verändert, dass es vom Zeitpunkt seiner Erschaffung aus böse ist. Der Assistent von Dr. Frankenstein, der ein perfektes Gehirn stehlen sollte, bringt fälschlicherweise das Gehirn eines Kriminellen und so ist es auch kein Wunder, dass das Geschöpf böse wird. Es ist nicht mehr das soziale Umfeld, das das Monster zu seinen Untaten treibt, es ist von Haus aus schlecht und muss einfach nur eliminiert werden.

Issac Asimov war sicherlich einer der Schriftsteller, die das Science-Fiction-Genre maßgeblich geprägt haben. Von 1940 an veröffentlichte er zahlreiche Kurzgeschichten, Romane und Erzählungen rund um das Thema Roboter und ein galaktisches Imperium aus der fernen Zukunft. Dabei prägte er auch eine ganze Reihe von Begriffen, die heute in der Science-Fiction-Literatur üblich sind, wie z. B. „positronisch" (im Gegensatz zu elektronisch), „Psychohistorik" (eine fiktive Wissenschaft aus der fernen Zukunft) und eben auch „Robotik".

Asimov fand nach eigenem Bekunden das „Frankensteinmuster", dem damals die Robotergeschichten in der Regel folgten, langweilig; er postulierte erstmals in seiner Erzählung „Runaround" die drei Gesetze der Robotik:

1. Ein Roboter darf keinen Menschen verletzen oder durch Untätigkeit zu Schaden kommen lassen.
2. Ein Roboter muss den Befehlen eines Menschen gehorchen, es sei denn, solche Befehle stehen im Widerspruch zum ersten Gesetz.
3. Ein Roboter muss seine eigene Existenz schützen, solange dieser Schutz nicht dem ersten oder zweiten Gesetz widerspricht.

Er forderte, dass Roboter so konstruiert werden müssen, dass sie die Gesetze befolgen müssen, dass sie gar nicht anders können. Seine Forderung lässt sich natürlich auch so übersetzen, dass Roboter einfach kein eigenes Bewusstsein entwickeln dürfen. Diese Robotergesetze werden in zahlreichen Science-Fiction-Erzählungen und -Filmen thematisiert, sehr oft werden dabei die Paradoxien thematisiert, die bei der Anwendung der Gesetze auftreten können. Insbesondere die Erweiterung der Gesetze auf den Begriff „Menschheit“ anstatt „Menschen“ führt zum Beispiel in der Verfilmung „I, Robot“ dazu, dass die Roboter die Menschheit nur dadurch (vor sich selbst) schützen können, indem der einzelne Mensch quasi entmündigt wird. Die Verfilmung basiert auf einer Sammlung von Kurzgeschichten von Isaac Asimov aus dem Jahr 1950. Deutlich erkennen lässt sich, dass die Befolgung solcher Gesetze Probleme mit sich bringt. Selbst wenn der Roboter nicht so waghalsige moralische und philosophische Schlüsse wie in „I, Robot“ zieht, wird es schwer, die Gesetze einzuhalten. Dazu muss ein Roboter jede seiner möglichen Aktionen auch auf die Einhaltung der Gesetze überprüfen.

Gegenwärtig ist es ein Forschungsproblem, autonome Roboter mit der Fähigkeit zu planen auszustatten. In welche Reihenfolge müssen elementare Aktionen ausgeführt werden, damit ein komplexes Ziel erreicht wird? Ein einfaches Beispiel ist Kochen: In welcher Reihenfolge müssen welche Tätigkeiten erfolgen, damit eine Mahlzeit gelingt? Schwierig wird es, wenn sich dann während der Ausführung noch die Umgebung ändert, wenn also dynamisch geplant werden muss. Stellen wir uns jetzt noch vor, der Roboter muss mit anderen Robotern oder Menschen kooperieren. Er muss sich in einer womöglich auch noch engen Küche arrangieren, muss dem anderen aus dem Weg gehen und rechtzeitig dessen Absichten erkennen. Wenn nun auch noch die Konsequenzen der einzelnen Aktionen bezüglich der Einhaltung der Gesetze überprüft werden müssen, wird die Aufgabe ungleich schwieriger. Dass selbst Menschen dabei mitunter Probleme haben, wird der eine oder andere Leser an sich schon festgestellt haben. Letztendlich läuft die Forderung nach der Einhaltung der Robotergesetze auf Roboter mit Bewusstsein hinaus; der Roboter muss ständig über sein Handeln und seine Ziele nachdenken. Leider sind dabei auch Konflikte möglich, die nur durch moralische oder ethische Überlegungen zu lösen sind. Man denke etwa an die Gewissensprüfung, der sich junge Kriegsdienstverweigerer in Deutschland viele Jahre unterziehen mussten. Dabei wurden die Befragten, die ja keinen Dienst mit der Waffe leisten wollten, in hypothetische Situationen versetzt, wo sie eben doch zur Waffe greifen mussten, um ihr Ziel zu erreichen.

Kapitel 11
Mensch und Maschine

Los, zeig was du drauf hast, hui, wwwwaaaammm! Und noch ein Sprung und wwwaaaamm! Schneller, lauf, was das Zeug hält, wir haben sie gleich abgehängt. Wwwaaaamm. Und hin und her. Augen zu und weiter. Mit Affenzahn und Karacho. Keiner hält ihn auf. Es geht ums Ganze. Und wwwwaaamm! Mit vor Aufregung geröteten Wangen läuft ein Junge in Serpentinen einen Hügel hinunter, zwischen den Beinen einen Stecken: sein Pferd oder sein Wagen. – Mehr braucht er nicht, um in seinem Spiel aufzugehen. Wie langweilig dagegen die naturgetreue Rekonstruktion eines Gefährts!

An verschiedenen Stellen haben wir das Zusammenspiel von Mensch und Maschine oder Automat behandelt. Im Zusammenhang mit dem göttlichen Schmied Hephaistos haben wir über Assistenzsysteme gesprochen – Automaten, Androiden oder andere Roboter, die Menschen helfen sollen, also mit Menschen kommunizieren und zusammenarbeiten müssen.

In diesem Abschnitt sollen verschiedene Aspekte dieses Zusammenspiels diskutiert werden.

Das „Uncanny Valley"

In unseren Beispielen für Roboter und Assistenzsysteme haben wir auch verschiedene Grade des „Menschseins" kennengelernt; der Roboterkopf Kismet (vgl. Kap. 6) ist alles andere als menschenähnlich und trotzdem weisen ihm Betrachter sehr schnell Emotionen und Empathie zu; Olimpia im „Sandmann" ist für alle, außer dem verliebten Protagonisten, eine mechanische Puppe; die Androiden von Professor Ishiguru dagegen versuchen so menschenähnlich wie möglich zu sein. Wie ist es aber zu erklären, dass wir uns in Anwesenheit von sehr wenig menschenähnlichen Automaten wohl fühlen, mit ihnen kommunizieren, aber bei sehr viel menschenähnlicheren Androiden uns womöglich unwohl im Umgang mit ihnen fühlen? Dieser Effekt ist seit den 1970er Jahren bekannt und vom japanischen Roboterforscher Masahiro Mori als „Uncanny Valley" beschrieben.

Je menschenähnlicher ein Roboter oder ein Automat wird, desto vertrauter sind wir im Umgang mit ihm – allerdings gilt dies nur bis zu einem gewissen Punkt,

U. Barthelmeß, U. Furbach, *IRobot – uMan*,
DOI 10.1007/978-3-642-22928-2_11, © Springer-Verlag Berlin Heidelberg 2012

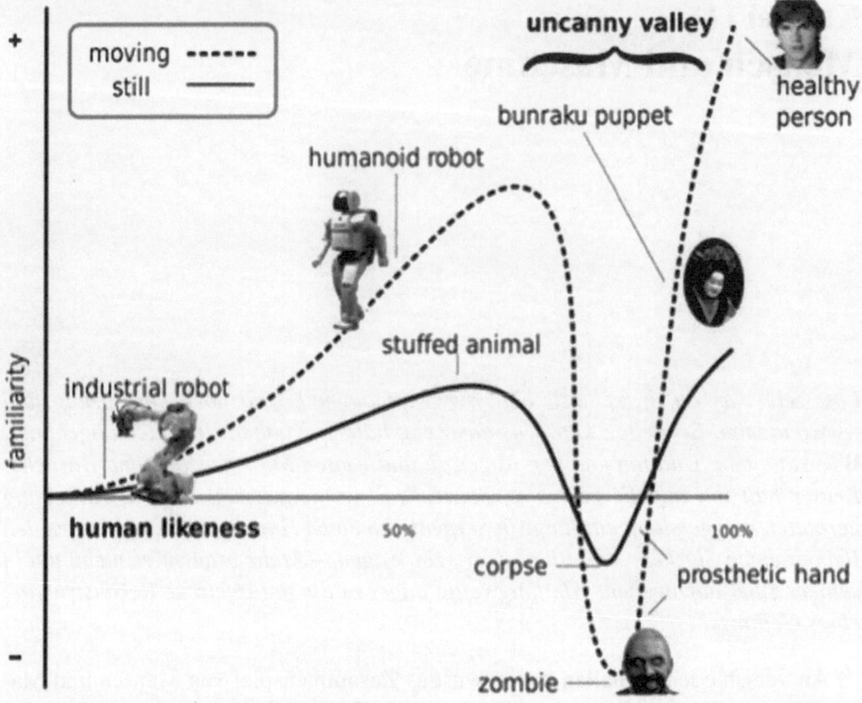

Abb. 11.1 Uncanny Valley (Quelle: Erico Guicco)

dann nimmt die Vertrautheit ab; es tritt das Uncanny (unheimlich) Valley auf. Betrachten wir die gestrichelte Linie im Diagramm aus Abb. 11.1: Der Industrieroboter wird als wenig vertraut empfunden, der humanoide Roboter, der schon wesentlich menschenähnlicher ist, erscheint uns deutlich vertrauter, die Kurve steigt weiter an. Beim Zombie dagegen, also einer Gestalt, die sehr viel menschenähnlicher als der abgebildete humanoide Roboter ist, sinkt der Grad der Vertrautheit auf den Tiefpunkt.

Erst wenn die Menschenähnlichkeit noch stärker ansteigt, fühlen wir uns wieder vertraut. Die japanischen Bunraku-Puppen sind lebensgroß und mit ausgeklügelter Mechanik versehen, die Kurve steigt an, bis wir schließlich ein maximales Maß an Vertrautheit beim gesunden Menschen verzeichnen. In obiger Abbildung sieht man dieses Verhalten einmal für sich bewegende und für ruhende Automaten. Offensichtlich hilft Bewegung ungemein, Roboter menschenähnlicher wirken zu lassen. Mori hat in seinem Aufsatz von 1970 das Tal mittels einer Handprothese beschrieben. Diese kann täuschend echt aussehen, sie fällt uns nicht weiter auf, sie wirkt natürlich, selbst wenn sie sich bewegt, also benutzt wird. Erst wenn wir dem Träger die Hand geben, spüren wir das künstliche Material: Wir erschrecken. Die Frage nach den Gründen dieses Abfalls der Vertrautheit ist bislang nur wenig untersucht. Einen

Ansatz für ein Erklärungsmodell liefern einige Autoren[1] mittels der Terror Management Theory„Terror Management Theory“ (TMT). TMT erklärt, wie Menschen mit dem Bewusstsein ihrer Sterblichkeit umgehen: Im Wesentlichen gibt es zwei Strategien. Man verdrängt das Wissen um die eigene Vergänglichkeit oder man findet rationale Argumente dagegen („Meine Großmutter ist ja auch 90 geworden!“). In jedem Fall versucht man den Tod „zu vermeiden“. Androiden, die nun ein gewisses Maß an Menschenähnlichkeit zeigen, wirken auf uns tot, sie erinnern uns (wenn auch nur unbewusst) an unsere eigene Vergänglichkeit, wir setzen Verteidigungsmechanismen in Gang, die unsere Haltung beeinflussen: Wir fühlen uns unwohl. Im Beispiel aus dem Sketch „Dinner for One“ hatten wir auf Seite 18 gezeigt, dass dieses Gefühl auch gerne durch Lachen überspielt wird.

Dieser Effekt des Uncanny Valley spielt eine wichtige Rolle bei der Gestaltung von Schnittstellen für die Mensch-Maschine-Kommunikation. Wie gestalten wir die Maschine, den Roboter, um den Umgang, die Kommunikation mit ihm möglichst einfach und angenehm zu ermöglichen? Aber nicht nur für die Designer und Entwickler von Robotern ist dies eine wichtige Theorie; sie ist für die Filmindustrie von großer Bedeutung. Bei der Entwicklung von computeranimierten Filmen hat sich die Erkenntnis durchgesetzt, dass der kommerzielle Erfolg eines Filmes eben auch davon abhängt, wie die Menschenähnlichkeit der Figuren vom Betrachter aufgenommen wird. Es gibt eine ganze Reihe von erfolgreichen Filmen mit Robotern, die relativ geringe Menschähnlichkeit (z. B. Wall.E oder R2D2) haben, die aber trotzdem den Betrachter sehr emotional reagieren lassen. In anderen Filmen dagegen, wo künstliche Figuren möglichst detailgetreu nachgebildet wurden, kann man beobachten, dass kleine Ungereimtheiten oft zu großer Kritik oder gar Ablehnung führen.

Kulturelle Unterschiede

Die Robotikforschung hat in Deutschland und Japan eine recht unterschiedliche Entwicklung durchgemacht: In Deutschland hat lange Zeit die industrielle Anwendung dominiert; man orientierte sich an Industrierobotern, die für die Automatisierung, z. B. im Automobilbau oder der Raumfahrttechnik, eingesetzt werden konnten; natürlich gab es dort – und gibt es immer noch – eine Vielzahl von höchst komplexen und interessanten Problemen. Dazu gehören Bilderkennung, der Roboter muss Objekte erkennen und unterscheiden können, oder die Entwicklung von sensiblen Greifwerkzeugen, die für die Montage von empfindlichen Teilen notwendig sind. Die Situation war in Japan völlig anders; wie wir weiter oben in der Diskussion des Uncanny Valley gesehen haben, war es der japanischer Robotikforscher Mori, der sich schon 1970 Gedanken über die Akzeptanz von androiden Robotern gemacht hat. Sehr deutlich wird die Situation am Beispiel des Roboterfußballs: Schon in den

[1] z. B. MacDorman, Mortality Salience and the Uncanny Valley, Proc. of the 2005 IEEE-RAS International Conference on Humanoid Robots.

1990ern haben japanische Robotikwissenschaftler eine Weltmeisterschaft im Roboterfußball eingeführt.[2] Hier spielen Roboter verschiedener Größen und Bauarten in verschiedenen Ligen gegeneinander. Das mag ja nach Spiel klingen, doch lassen sich an diesem Anwendungsbeispiel eine Menge von wissenschaftlichen Fragestellungen untersuchen. Wo ist der Ball (dessen Lokalisation ändert sich blitzschnell und erfordert sehr gute Bilderkennung)? Wo sind die anderen Spieler? Welcher ist Freund und welcher ist Feind? Wo wird die Trajektorie des sich bewegenden Balles oder Spielers enden? Wie plant ein einzelner Roboter seine nächsten Aktionen (er kann ja nicht mit seinen Mitspielern kommunizieren – oder zumindest nur sehr eingeschränkt)? Hinter all diesen Fragen stehen offene wissenschaftliche oder ingenieurmäßige Fragestellungen. Als deutsche Robotiker ein Forschungsprogramm zur Entwicklung autonomer Roboter am Anwendungsbeispiel Roboterfußball beantragten, wurde dieses Vorhaben von der Deutschen Forschungsgemeinschaft (DFG) abgelehnt. Die Begründung, dass es sich hierbei doch um eine spielerische Sache handle, spielte dabei eine nicht unerhebliche Rolle. Erst als der Fußball aus dem Titel des Programms entfernt wurde, finanzierte die DFG das Schwerpunktprogramm „Cooperative Teams of Mobile Robots in Dynamic Environments" – eine schöne Umschreibung für Roboterfußball. Mittlerweile hat die deutsche Robotik in vielen Bereichen mit japanischen Entwicklungen gleichgezogen – auch im Roboterfußball!

Japans Wirtschaft hängt seit den 1970ern stark von Automatisierung ab; diese wurde in der Öffentlichkeit nie als Arbeitsplatz vernichtend verstanden, vielmehr hat Japan stets neue und innovative Entwicklungen zur Unterstützung des Menschen vorangetrieben. So ist Japan im Bereich der Spiele- und Unterhaltungsindustrie führend, es werden seit vielen Jahren erfolgreich humanoide Roboter entwickelt; sogar Roboter als Haustiere oder als therapeutische oder soziale Wesen tauchen immer wieder im öffentlichen Leben auf.

Woher kommen nun diese kulturellen Unterschiede?

In einem Artikel untersucht der Robotiker MacDorman, der auch lange Zeit in Japan geforscht hat, diese Frage.[3] Er argumentiert, dass ein Grund für die Vorbehalte, die Menschen Robotern gegenüber haben, darin liegen könnte, dass wir uns immer dann mit Dingen oder Konzepten schwer tun, die an der Grenzlinie zwischen Kategorien liegen. Ein Beispiel dafür ist das Gruseln, das wir empfinden, wenn wir sogenannte „Untote" in Horrorfilmen sehen – Untote sind weder tot noch lebendig, sie sind genau zwischen den beiden Konzepten. Ähnlich ist es mit humanoiden Robotern; sie sind elektromechanisch, haben aber menschliche Eigenschaften. Als Besonderheit kommt hier noch dazu, dass wir Menschen selbst einer der beiden Kategorien angehören und Roboter sich gerade auf der Grenzlinie zu uns bewegen. Nun ist der Umgang mit Dingen zwischen zwei Kategorien nicht universell; es sind hier durchaus kulturelle Unterschiede zu beobachten. Als Beispiele dafür führen

[2] www.robocup.com.

[3] K.F. MacDorman, S.K. Vasudevan, Ching-Chang Ho: Does Japan really have robot mania? Comparing attitudes by implicit and explicit measures. AI & Soc, 2008.

die Autoren das Verbot, Schweinefleich zu essen an. Schweine sind im Gegensatz zu anderen Paarhufern keine Wiederkäuer, befinden sich also auf der Grenzlinie einer Kategorie (zumindest im Judentum ist diese Kategorisierung durch das Alte Testament vorgegeben). Ähnlich verschiedenen Umgang mit Grenzlinien kann man bezüglich Geschlechtszugehörigkeit beobachten; in vielen Kulturen werden bisexuelle (hermaphroditische) Menschen gezwungen, sich für ein Geschlecht zu entscheiden. Anders war dies bei einigen Indianerstämmen Nordamerikas; dort gab es für diese Individuen eine weitere Möglichkeit, sie gehörten einem (sehr geachteten!) dritten Geschlecht an.

Die Frage ist nun, ob Japaner, oder allgemeiner, asiatische Kulturen, Roboter anders als westliche Kulturen bewerten. Hierzu ziehen MacDorman und seine Koautoren eine Theorie von Bruce Mazlish,[4] einem amerikanischen Historiker, heran, wonach vier Diskontinuitäten eine Rolle spielen: das Verständnis der Erde als Mittelpunkt des Universums, der Mythos der Schöpfungsgeschichte, Descartes' Verständnis des Geistes als rational und kontrollierbar und schließlich der Glaube, dass Geistiges und Körperliches verschiedenen Prinzipien unterliegt. Mazlish argumentiert, dass die herausragende Stellung des Menschen im jüdisch-christlichen Weltbild stark von diesen vier Aspekten geprägt ist. Sie haben nicht nur das Selbstwertgefühl des Individuums, sondern auch die soziale Struktur des Zusammenlebens geprägt. Nach Mazlish gibt es nun vier Ereignisse in der Geschichte der Wissenschaft und der Technologie, die diese Diskontinuitäten zerstört haben: die kopernikanische Wende, Darwins Theorie der natürlichen Auslese, Freuds Ergebnisse über das Unbewusste und das Aufkommen von intelligenten Maschinen. All dies hat das Selbstverständnis des Menschen in westlichen Kulturen grundlegend erschüttert. Ein menschengleicher Roboter wäre das Erschütterndste von allen. Im Gegensatz dazu ist in der japanischen Geschichte keine der vier Diskontinuitäten zu finden. Im buddhistischen Weltbild leben wir in einer einzigen von Myriaden von verschiedenen Galaxien; es gibt keinen Schöpfungsakt des Menschen, das Bewusstsein ist ruhelos und unkontrollierbar und es gibt nicht die strikte Unterscheidung zwischen Körper und Geist. Demnach wäre ein humanoider und intelligenter Roboter für Japaner überhaupt nicht bedrohlich. Dazu kommt noch, dass Shinto, die ursprüngliche japanische Religion, animistische Züge aufweist. Dinge können beseelt sein, wodurch natürlich eine völlig andere Beziehung des Menschen zu materiellen Dingen möglich wird, also auch zu Robotern. Makoto Nishimura, ein japanischer Robotikpionier, hatte es schon 1928 so ausgedrückt: „Wenn Menschen die Kinder der Natur sind, dann sind künstliche Menschen, die von Menschen geschaffen werden, die Enkel der Natur“. Im Christentum dagegen existieren strikte Regeln gegen Götzentum; es ist dem Menschen nicht erlaubt, andere Götter zu verehren oder es Gott gleichzutun. Im Islam sind darüber hinaus auch Bilder in Moscheen verboten, die Taliban haben jede Kunst verboten, die menschliche Formen zeigt, und die Amischen verbieten Fotografieren generell. Dieses Verbot, es Gott

---

[4] Bruce Mazlish, Faustkeil und Elektronenrechner. Die Annäherung von Mensch und Maschine. Insel, 1998.

gleichzutun, konnten wir in verschiedenen besprochenen literarischen Vorlagen finden: Die Golem-Sage (Kap. 3), wo Rabbi Löw in einem schöpfungsähnlichen Akt den Golem erschuf; natürlich war das Unternehmen zum Scheitern verurteilt, der Golem lehnte sich auf, wurde unkontrollierbar. Ähnlich ging es Dr. Frankenstein (Kap. 7), der aufs Furchtbarste bestraft wurde, da er es Gott gleichtun wollte. Wie unterschiedlich war dagegen der Umgang des Menschen mit Robotern während der Aufklärung, es gab keinerlei Berührungsängste oder gar Bestrafung – Mensch und Maschine waren eins (Kap. 5).

Vielleicht kann uns aber die Kunst aus dieser reservierten Haltung gegenüber Robotern helfen?

Im Zusammenhang mit der Kunst des 20. Jahrhundert hatten wir schon auf Seite 83 über die bewegten mechanischen Kunstwerke von Jean Tinguely gesprochen. Offensichtlich empfinden Menschen Vergnügen, die Skulpturen lebendig zu sehen, sie auf Knopfdruck in Bewegung zu setzen. Drastischer geht der Wiener Künstler Niki Passath[5] mit dem Thema um:

Er baut einfache kleine Roboter und lässt sie sich in einem Ausstellungsraum frei bewegen. Die Zuschauer finden sich nun nicht mehr als bloße Betrachter, sie sind Teil des Kunstwerkes (siehe Abb. 11.2). Sie beginnen mit den kleinen Roboterwesen zu interagieren, sie stellen sich dem Roboter als Hindernis in den Weg, sie probieren die Kommunikation – es findet eine Art soziale Interaktion statt. Kunst als Mediator!

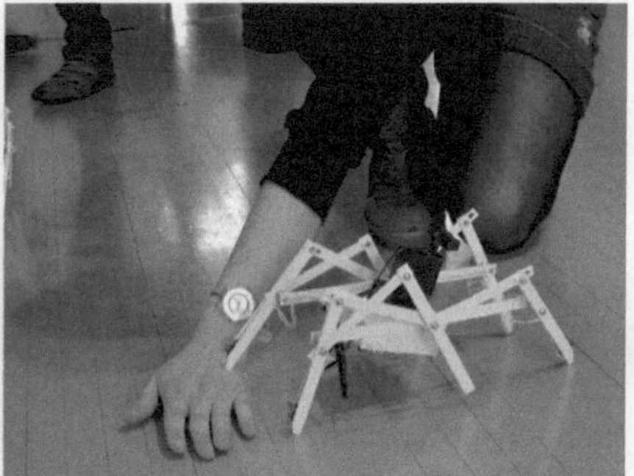

Abb. 11.2 Zuschauer und Passaths Roboter (Quelle: Niki Passath)

[5] http://niki.xarch.at/.

Kapitel 12
Roboter

Nachdem wir der kulturellen Präsenz von Robotern in einem Zeitraum von 2 Jahrtausenden nachgespürt haben, wollen wir nun auch auf die technische Entwicklung von Robotern eingehen. Es sollen die wichtigsten Probleme bei deren Entwicklung und der derzeitige Stand der Wissenschaft und Technik aufgezeigt werden. Wir orientieren uns dabei an den fünf Sinnen, die üblicherweise dem Menschen zugesprochen werden.

Sehen

Das Sehen oder die visuelle Wahrnehmung mit den Augen ist für autonome Roboter von außerordentlicher Wichtigkeit. Es dient z. B. auch zur Selbstlokalisation des Roboters – eine durchaus nicht-triviale Aufgabe, die erst in jüngster Zeit systematisch unter dem Schlagwort SLAM (self localisation and mapping) untersucht wird. Wie kann ein Roboter in einer unbekannten Umgebung, wie zum Bespiel im Inneren eines Gebäudes, eine Karte seines Umfelds erzeugen und gleichzeitig seine Position darin feststellen? Da ist es unmittelbar einsichtig, dass Sehen hierzu eine wichtige Voraussetzung darstellt. Technisch wird Sehen durch die Verarbeitung von Kamerabildern gelöst: Dabei liefert eine Kamera (im Falle des Stereo-Sehens auch mehrere) eine große Menge einzelner Bildpunkte, sogenannter Pixel. In ersten Verarbeitungsschritten müssen nun Kanten und Linien im Bild detektiert werden, um dann schließlich Objekte zu finden und zu erkennen. Dieser letzte Punkt, also das „Verstehen" des Bildes, ist besonders schwer; so kann ein quaderförmiges Objekt je nach Kontext völlig verschiedene Bedeutungen haben – es kann sich um einen Lastwagen, um ein Gebäude oder um ein Möbelstück handeln.

Im Zeitalter der videoüberwachten öffentlichen Räume spielt die Gesichtserkennung eine wichtige Rolle; können doch dadurch gesuchte Personen auf Straßen oder Plätzen identifiziert und entdeckt werden. Hier werden bereits realistische Tests durchgeführt, die zum Beispiel darauf zielen, einzelne Personen in Videoaufnahmen eines Bahnhofeingangs zu finden. Ein großes Problem dabei ist die wechselnde Beleuchtung; die Linien- und Kantenerkennung ist stark von den Kontrastunterschieden im Bild abhängig, die sich logischerweise bei wechselnden oder schwachen Beleuchtungen ändern oder schwer zu finden sind.

U. Barthelmeß, U. Furbach, *IRobot – uMan*,
DOI 10.1007/978-3-642-22928-2_12,

Roboter sind aber natürlich auch auf den Seh-Sinn angewiesen, um bestimmte Aufgaben zu erfüllen. Ein besonders einleuchtendes Beispiel ist hierfür Roboterfußball: Seit Ende der 1990er Jahre werden jährlich Weltmeisterschaften im Roboterfußball[1] ausgetragen. Hierbei spielen in verschiedenen Ligen Teams aus autonomen Robotern gegeneinander Fußball. Diese Aufgabe ist leicht zu beschreiben, birgt jedoch eine Reihe von technisch und wissenschaftlich sehr anspruchsvollen Problemen in sich. Sicherlich spielt hierbei das Sehen und Erkennen eine zentrale Rolle: Der Ball bewegt sich sehr schnell und muss jederzeit lokalisiert werden; dabei ändert sich nicht nur die Position des Balles, auch die Beleuchtung an verschiedenen Stellen des Spielfeldes kann verschieden sein. In den Anfangszeiten des Roboterfußballs wurden Zuschauer gebeten keine roten Hemden zu tragen, da die Roboter das Rot oft für den (roten) Ball gehalten haben und dadurch recht verwirrt wurden. Aber nicht nur der Ball bewegt sich, auch die anderen Spieler, Roboter, ändern ständig ihre Position. Und welcher der anderen Spieler ist Freund und welcher ist Feind? Alles triviale Aufgaben für einen menschlichen Fußballspieler, deren Beherrschung die Voraussetzung für guten Fußball ist – bei Robotern stellen diese Basisfertigkeiten eine immense technische und wissenschaftliche Herausforderung dar.

Übrigens, als die RoboCup-Weltmeisterschaften von japanischen und amerikanischen Robotikern eingeführt wurden, war als Ziel explizit formuliert, innerhalb von 50 Jahren die amtierende menschliche Welmeister-Mannschaft zu besiegen!

Hören

Das Hören oder die auditive Wahrnehmung mit den Ohren ist eine der zentralen Fähigkeiten, die für die Kommunikation relevant ist. So können sich Computer und Roboter in nahezu allen Science-Fiction-Filmen und -Geschichten mit ihrem menschlichen Gegenüber in natürlicher Sprache unterhalten. Hier soll nicht die reine Möglichkeit des sensorischen Inputs in das System, welche durch Mikrofone leicht zu bewerkstelligen ist, diskutiert werden. Vielmehr wollen wir hier „Hören" als „Verstehen von natürlicher Sprache" auffassen und diskutieren.

In den Anfängen der Forschung zu Künstlicher Intelligenz (in den 1950ern) war man fest davon überzeugt, dass maschinelle Übersetzung von Fremdsprachen ein realistisches Ziel sei, welches in wenigen Jahrzehnten erreicht werden kann. Nun kann man sich heute, also 60 Jahre später, anhand der oft recht unverständlichen Übersetzungen von Betriebsanleitungen technischer Geräte aus Fernost leicht davon überzeugen, dass hier noch immer einiger Forschungsbedarf ist. Das Problem ist, dass Texte in natürlicher Sprache komplexe Strukturen haben, oft auch in Teilen mehrdeutig sind, vor allem aber auch umfangreiches Hintergrundwis-

[1] www.robocup.org.

sen für ihr Verständnis benötigen. Einer der Autoren forscht zum Thema „natürlichsprachliches Fragebeantworten“ am System `www.loganswer.de` – dies soll uns hier dazu dienen, die Probleme beim Verstehen und Erzeugen natürlicher Sprache aufzuzeigen.

Der Benutzer von Loganswer gibt eine Frage in ein Web-Formular ein; diese Frage sollte möglichst in korrektem, verständlichem Deutsch formuliert sein. Das System versucht die Antwort durch Durchsuchen der deutschsprachigen Wikipedia zu beantworten. Dazu muss es aber nicht nur die Frage in eine interne Repräsentation überführen, auch die gesamte Wikipedia, also ca. 12 Millionen Sätze in natürlicher Sprache, muss intern formal repräsentiert sein. Eine solche formale Repräsentation der natürlichsprachlichen Sätze soll nicht nur die Darstellung der Semantik der Wikipedia-Artikel erlauben, vielmehr soll sie auch die Verarbeitung und das logische Schließen auf diesen Artikeln unterstützen. Hat das System also die Frage verstanden, müssen passende Artikel gesucht werden; dies kann nun nicht durch einfachen syntaktischen Vergleich erfolgen, wie es Suchmaschinen à la Google machen, vielmehr soll hier semantische Analyse benutzt werden. Lautet zum Beispiel die Frage „Wann überquerte Hannibal die Alpen?“ und nehmen wir an, die Wikipedia enthält einen Passus „Der karthagische General führte seine Armee 218 v. Chr. über die Alpen.“ So müssen zur Beantwortung der Frage die Teile „Hannibal“ mit „karthagische General“ und „überquerte“ mit „führte ... über“ in Beziehung gesetzt werden. Dazu bedarf es nicht nur des riesigen Textkorpus der Wikipedia, es muss auch genügend allgemeines Wissen über die Welt zur Verfügung stehen und genutzt werden können. Die Entwicklung von solch formalisiertem Weltwissen wird seit Langem mit verschiedenen Ansätzen betrieben. Letztlich handelt es sich gar um eine philosophische Fragestellung, nämlich der ontologischen Beschreibung der Welt. Seit der griechischen Antike gibt es Diskussionen um eine allgemeine Ontologie zur Beschreibung der Welt. Im Rahmen der KI-Forschung werden dazu sogenannte Wissensbasen entwickelt, die unser so selbstverständliches Wissen um die einfachsten Dinge der Welt beschreiben. Eines der ältesten und weitest fortgeschrittenen Unternehmen ist dabei Cyc, eine Wissensbasis, die seit den 1980er Jahren entwickelt und auch vermarktet wird. Eine kleine Version dieses Systems, openCyc, wird von Loganswer für die Darstellung des Hintergrundwissens benutzt, um also in unserem Beispiel „überqueren“ mit „führen ... über“ in Beziehung zu setzen. Alleine dieses kleine schlanke openCyc enthält über 3 Millionen Wissensstücke, die in Form von logischen Formeln dargestellt sind. Erst wenn beim Beantworten der Frage alle relevanten Teile der Wikipedia und die zum Verständnis notwendigen Hintergrundwissen-Stücke gefunden sind, kann das System daran gehen, die Antwort zur gestellten Frage zu generieren.

Die Entwicklung solcher natürlichsprachlicher Antwort- und Kommunikationssysteme hat in jüngster Zeit erheblichen Aufschwung genommen; prominent ist derzeit auch das System „Watson“, welches von IBM für den Einsatz in der TV-Quizshow „Jeopardy“ konzipiert ist – und Watson schlägt sich nicht schlecht im Vergleich mit menschlichen Kontrahenten!

Riechen und Schmecken

Der Geschmacks- und der Geruchssinn arbeiten beim Menschen eng zusammen. Im Verbund mit dem Tastsinn spielen diese Wahrnehmungen eine zentrale Rolle bei der Nahrungsaufnahme. Wir können fünf verschiedene Geschmacksqualitäten unterscheiden: süß, salzig, sauer, bitter und umami. Im Gegensatz dazu können wir aber bis zu 10.000 verschiedene Gerüche unterscheiden, ohne besondere Übung können wir davon jedoch nur ca. 50% korrekt benennen. Das Schmecken spielt eine zentrale Rolle bei der Nahrungsaufnahme; es dient dazu, die Aufnahme durch bestimmte Präferenzen, wie z. B. für süß und umami, zu regulieren. Giftige natürliche Substanzen schmecken eben zumeist bitter und nicht süß; die Aversion gegen bitter kann sogar bis zu körperlichen Reflexen wie Würgen oder Erbrechen führen. Beides, Riechen und Schmecken, wird durch chemo-sensorischen Input eingeleitet. Die Nase bzw. die Zunge verfügt über Rezeptoren, die einen Reiz aufnehmen, der sodann neuronal weiter verarbeitet wird.

Nun könnte man schließen, dass Riechen und Schmecken für Roboter nicht von Bedeutung sind, da ja schließlich die Nahrungsaufnahme hier keine Rolle spielt – die Energieversorgung von Robotern geschieht in der Regel noch über Batterien. Allerdings können Roboter für Aufgaben herangezogen werden, in denen die olfaktorische oder gustatorische Wahrnehmung eine Rolle spielt. So können künstliche Systeme z. B. bereits heute in der Nahrungsmittelindustrie eingesetzt werden, um bestimmte Qualitätstests durchzuführen. So kann man die Güte von Tomaten durch künstliche Sensoren beurteilen, aber auch in technischem industriellen Umfeld könnte die Alterung von Schmiermitteln überwacht werden, und natürlich lassen sich auch in der Umwelt- oder der klinischen Analytik eine Reihe von Anwendungen finden. Die „Geschmackssensoren" dieser künstlichen Systeme sind chemische Sensoren, die mit verschiedenen Lernverfahren gekoppelt werden, um von der chemischen Zusammensetzung auf Geschmäcker oder Gerüche schließen zu können. Bezüglich der Nachbildung des Riechens ist eine sehr naheliegende Anwendung das Auffinden von Sprengstoffen oder Rauschgiften, das zumeist noch durch Hunde durchgeführt wird.

Ein weiterer Aspekt von künstlichen Zungen oder Nasen liegt aber gar nicht so sehr in einer direkten Anwendung ihrer Funktionalität. Wie wir alle von Kind an erfahren haben, hat Schmecken und Riechen auch eine emotionale Komponente. Sehr oft sind Gerüche und Geschmäcker an emotionale Erfahrungen gekoppelt, die, wie im Fall von Geschmack, schon von Geburt auf vorhanden sind – schon im Mutterleib kann ein Embryo süß und umami schmecken und schätzen – andere, wie bei Gerüchen, werden erlernt und auch durch das kulturelle Umfeld geprägt. Wenn man nun davon ausgeht, dass auch künstliche Systeme wie Roboter emotionale Erfahrungen erleben sollten, ist es auch naheliegend, den sensorischen Rahmen für solche Aspekte zu schaffen. Nun mag es vermessen klingen, in Bezug auf Roboter von Emotionen und Bewusstsein zu sprechen; wir erinnern daran, dass schon bei der Diskussion der Aufklärung und der Romantik von Emotionen in künstlichen Systemen die Rede war. Im folgenden Abschnitt über den Tastsinn wird dieser Aspekt auch eine Rolle spielen.

Tasten

Tasten oder taktile Wahrnehmung mit der Haut ist ein Sinn, der unter sehr verschiedenartigen Aspekten untersucht werden kann. Zum einen dienen Rezeptoren in der Haut dazu, Reize wie Druck, Berührung, Vibration, Temperatur oder auch Schmerz wahrzunehmen. Technisch gesehen sind für verschiedene Wahrnehmungen auch unterschiedliche Rezeptoren angelegt, die auch eigene Charakteristika haben. So sind zum Beispiel Druck-Rezeptoren recht langsam, während Sensoren für Berührung schnell reagieren; noch schneller reagieren die Beschleunigungssensoren, die für die Wahrnehmung von Vibrationen zuständig sind. Diese verschiedenen Reizsensoren zusammen mit ihrer Verarbeitung im Nervensystem scheinen beim Menschen sehr gut den Lebensbedingungen angepasst zu sein. Eine wichtige Rolle spielt der Tastsinn auch bei der haptischen Wahrnehmung: Was es damit auf sich hat, wird sofort klar, wenn man sich ein Kleinkind vorstellt, welches mit seinen Bauklötzen spielt und dabei mit den Fingern (und oft auch mit dem Mund) die Welt ertastet und erfährt.

Haptische Wahrnehmung spielt bei den einfachsten Manipulationen mit den Händen eine wichtige Rolle. Versucht man etwa den Deckel einer Dose mit den Fingern zu öffnen, müssen die Finger an die richtige Stelle des Deckels platziert werden, um dann mit geeignetem, nicht zu großem und nicht zu kleinem Kraftaufwand den Deckel zu öffnen. Ein rohes Ei muss sicherlich auch anders angefasst werden als ein Stein, den man gerade von sich schleudert. Roboterhände und Finger brauchen also Sensoren an ihrer Oberfläche, um solche Tätigkeiten auszuführen. Dazu gibt es verschiedene Entwicklungen von „künstlicher Haut“, wo eben gerade die verschiedenen Tastrezeptoren realisiert sind und somit versucht wird, den künstlichen Gliedmaßen das Tasten beizubringen.

Ein weiterer Aspekt ist im Zusammenhang mit einfachen manipulatorischen Handlungen interessant: In welcher Form sollen einzelne Bewegungen von Robotern ausgeführt werden, damit sie „natürlich“ aussehen? Zwei menschliche Hände, die ein Schraubglas halten und öffnen, führen eine Reihe von komplexen Bewegungen aus, die effizient sind und gleichzeitig auch elegant wirken. Roboterbewegungen wirken dagegen oft abgehackt und künstlich; nun könnte man meinen, dass das nur ein Schönheitsaspekt ist, der im derzeitigen Stadium der Roboterentwicklung vernachlässigt werden kann. Wenn man aber Einsatzmöglichkeiten des Roboters anvisiert, die enge Kooperation mit Menschen notwendig machen, wird die Natürlichkeit der Bewegungen extrem wichtig. Ein pflegender Roboter, der z. B. einem Menschen beim Aufstehen oder Gehen hilft, muss sich sicherlich natürlich, also menschlich, bewegen, um akzeptiert zu werden. Dabei spielen der Tastsinn und der Spürsinn eine wichtige Rolle. In einem Roboter-Labor in Osaka wird deshalb auch daran geforscht, wie Roboter natürliche Bewegungen lernen können. Dabei kann der Roboter vom Menschen lernen, der ihm Bewegungen vormacht. Diese können nachgebildet werden, wobei allerdings ein gewisses Maß an Generalisierung notwendig ist: Die flüssige Bewegung, die der humanoide Roboter soeben beim Treppensteigen an einer bestimmten Treppe gelernt hat, muss unter Umständen später modifiziert werden, weil die Treppenstufen andere Ausmaße haben.

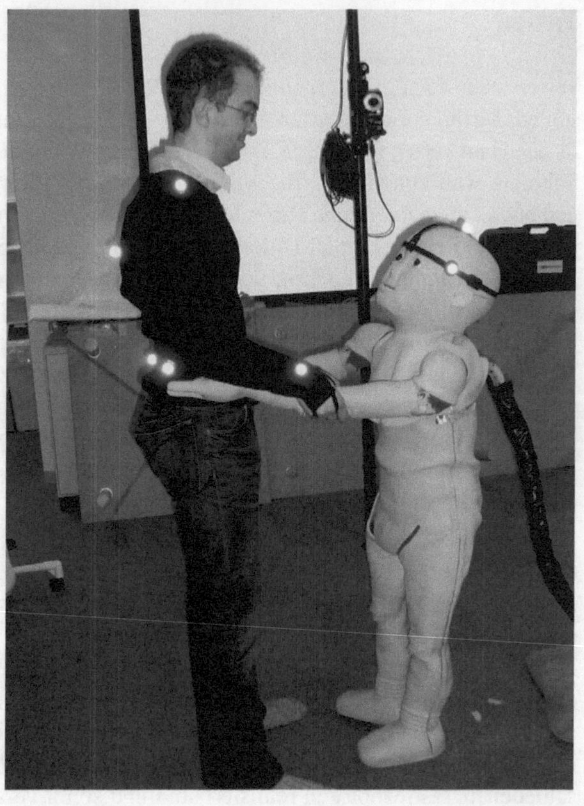

Abb. 12.1 Kind-Roboter lernt Aufstehen

In Abb. 12.1 kann man sehen, wie ein Wissenschafter[2] einem Roboter das Aufstehen beibringt. Die leuchtenden Punkte dienen dazu, die Körperbewegungen aufzuzeichnen, um spätere Bewegungsabläufe für den Roboter zu berechnen. Besonders aber ist an dem Roboter, dass er über eine Oberfläche mit Druck- und Bewegungssensoren verfügt, die es erlauben, bei Bewegungen, die der Trainer mit ihm ausführt, „sich selbst zu spüren" und auf diese Weise Bewegungen zu lernen. Erste Versuche in diese Richtung sind vielversprechend; der Roboter fühlt, merkt und verarbeitet Hilfestellungen, die er während des Trainings erfährt. Er kann dies umsetzen, um nach dem Training Bewegungen besser und flüssiger durchzuführen als vorher.

[2] Dr. Heni Ben Amor (links), ein ehemaliger Student des Autors UF.

Rationalität

Neben den Sinnesorganen und den Aktuatoren sollen Roboter natürlich auch intelligentes Verhalten an den Tag legen. Es wird ein gewisses Maß an Rationalität und Autonomie erwartet – dies sind klassische Aufgabenstellungen aus der Künstlichen Intelligenz Forschung. Wie lassen sich Wissen über die Welt und Folgerungen daraus in künstlichen Systemen darstellen? Wie kann alltägliches Schlussfolgern des Menschen nachgebildet werden? Natürlich gibt eine Jahrtausende alte Form der Repräsentation von Wissen, nämlich das Aufschreiben in natürlicher Sprache, z. B. in Form von Büchern. Große Teile des Wissens, das wir im Rahmen unserer Erziehung und Ausbildung erworben haben, konnten wir aus Büchern beziehen. Das Problem bei künstlichen Systemen ist jedoch, dass natürliche Sprache sehr schwer zu verstehen und zu analysieren ist und automatisches Schlussfolgern aus natürlichsprachlichen Texten sehr schwer ist. Wir haben dies im vorangegangen Abschnitt über Hören diskutiert.

Propositionales Wissen

In KI-Systemen bietet sich nun eine Möglichkeit an, Wissen zu repräsentieren, die sich an der formalen Logik orientiert, wie sie schon von Sokrates in der Antike zum Nachbilden menschlicher Diskursführung eingeführt wurde. Hierbei benutzt man eine stark formalisierte Sprache, in der z. B. die Sätze „Sokrates ist ein Mensch" und „Alle Menschen sind sterblich" durch die Formeln $mensch(Sokrates)$ und $\forall x(mensch(x) \rightarrow sterblich(x))$ dargestellt werden können. Letztere ist zu lesen: Für alle Objekte x gilt: Wenn x ein *mensch* ist, gilt auch ($\rightarrow$), dass x *sterblich* ist. Nun scheint dieser Übergang von natürlicher Sprache zu Formeln nicht sehr spannend zu sein. Zu solchen Sätzen in Formelrepräsentation – nennen wir dies der Einfachheit halber *Wissen* – kommen jedoch noch zusätzliche Regeln, nach denen aus Wissen neues Wissen hergeleitet werden kann. Eine solche Ableitungsregel ist z. B.: Wenn $A \rightarrow B$ gilt und wir A wissen, dann gilt auch B. Mittels einer solchen Regel kann nun in unserem Beispiel das neue Faktum $sterblich(Sokrates)$ hergeleitet werden. Damit hätten wir eine automatisierbare Form der Verarbeitung von Wissen erreicht. In der Tat ist dies eine wichtige Teildisziplin der Künstlichen Intelligenz: wissensbasierte Systeme. Solche Systeme repräsentieren Wissen in Form von Aussagen, deshalb nennt man diese Form auch „propositionale Wissensrepräsentation".

Die Herausforderung dabei ist, möglichst viel Wissen über die Welt so zu formalisieren, dass es maschinell in der eben beschriebenen Art und Weise verarbeitet werden kann. Dabei stellt man fest, dass es sehr schwer ist, menschliches Schlussfolgern nachzubilden. Zum einen benötigt man sehr große Mengen von Wissen aus verschiedensten Bereichen der Welt und des Lebens, um intelligentes Schlussfolgern nachzubilden, und zum anderen sind wir Menschen sehr gut und auch vor allem sehr schnell, um in Alltagssituationen zu schließen und zu reagieren. Computer sind dem Menschen nur dann überlegen, wenn die Domäne der Aufgabe oder des Diskurses sehr eingeschränkt wird. Schachspielen stellt z. B. eine solche eingeschränkte Domäne dar und tatsächlich sind Computer hier den meisten menschlichen Spielern überlegen. Sobald man jedoch in beliebigen uneingeschränkten Bereichen schlussfolgern muss, sind Menschen überlegen. In den 1980ern, in der Hochzeit der sogenannten Expertensysteme, konnte die KI-Forschung Erfolge verzeichnen, indem sie Expertenwissen in verschiedensten Gebieten nachgebildet hat. Im Bereich der Geologie, der Medizin oder der Konfiguration von komplexen technischen Systemen konnten KI-Systeme mit menschlichen Experten konkurrieren. Allerdings stießen die Systeme schnell an ihre Grenzen, sobald alltägliche Aufgaben zu erledigen waren. Es kursierte das Bonmot: „Es ist leichter einen Professor als einen Lastwagenfahrer nachzubauen.“ Was macht es so schwer, so etwas Alltägliches wie Autofahren nachzubilden? Ein Grund dafür liegt in der Verarbeitung der Sensordaten, wie zum Beispiel beim Hören, Sehen und Tasten; die Sensordaten richtig zu interpretieren und sie in das Schlussfolgern einzubauen ist äußerst schwierig. Wir haben das an so kinderleichten Dingen wie Laufen oder Fußballspielen bereits diskutiert. Eine andere Herausforderung ist das Lernen; Menschen sind sehr gut darin, sich anzupassen und neues Wissen oder Fähigkeiten zu lernen. Man kann natürlich versuchen, Lernen in solche propositionale Wissenssysteme einzubauen, und in der Tat gibt es hierzu leistungsfähige Systeme. Wenn z. B. der Versandhändler Amazon seinen Kunden Kaufempfehlungen gibt, wurde dies durch maschinelle Lernverfahren auf der Grundlage bisheriger Käufe auch von anderen Kunden hergeleitet. Man sieht schon an diesem Beispiel, dass Lernen (oder eine Variante davon, nämlich Data Mining) wirtschaftlich sehr attraktiv sein kann.

Künstliche Neuronale Netze

Eine völlig andere Art, Wissen und Lernen in künstlichen Systemen nachzubilden, erhält man, wenn man versucht die Architektur des Gehirns als Vorbild zu nehmen. Das menschliche Gehirn besteht aus ca. 100 Milliarden Nervenzellen oder Neuronen, die miteinander zu einem Netzwerk verbunden sind; ein Neuron ist dabei mit etwa 1000 anderen Neuronen verbunden. Diese Verbindungen sind über lange Auswüchse der Zellen realisiert; dabei sind die sogenannten Dendriten für die Aufnahme von Reizen in die Zelle und die Axone für deren Weitergabe zuständig. In Abb. 12.2 kann man links ein einzelnes Neuron mit den nach unten aufgefächerten Dendriten und dem nach oben ausgestülpten Axon erkennen.

Die einzelnen Neuronen tun nun nichts weiter, als Reize über die Dendriten aufzunehmen und, falls ein bestimmtes Maß an Aktivierung erreicht ist, einen Reiz über das Axon an andere Neuronen weiterzugeben. Die Reize kann man sich als elektrische Impulse vorstellen, die durch die Dendriten und Axone weitergeleitet werden. Eine wichtige Besonderheit in solchen neuronalen Netzwerken ist, dass diese Verbindungen nicht starr sind; Axone haben nämlich an ihren Enden aufgefächerte Enden, die Synapsen. Diese sind nun nicht fest mit den Dendriten anderer Neuronen verbunden – vielmehr befindet sich dazwischen ein schmaler, mit Flüssigkeit gefüllter Spalt. Die Übertragung des Reizes an diesen Synapsen erfolgt durch elektro-chemische Prozesse, die sich verändern können. Man nennt dies

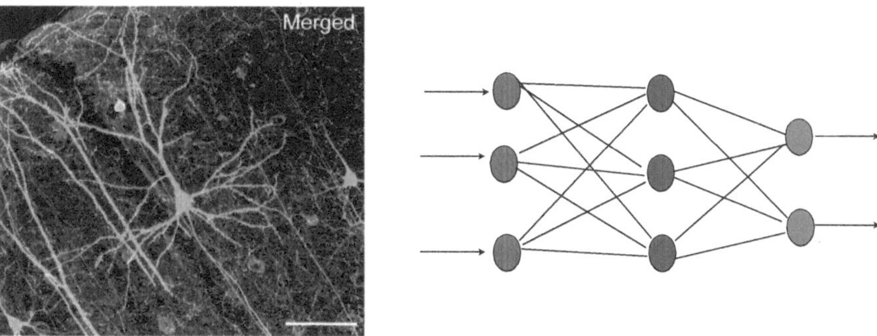

Abb. 12.2 *Links*: Mikroskopische Aufnahme der Großhirnrinde einer Maus. *Rechts*: Künstliches Neuronales Netz

„synaptische Plastizität“ und genau darin liegt die Möglichkeit für das Gehirn, zu lernen! Lernen auf dieser neuro-biologischen Ebene besteht im Verstärken oder Abschwächen der synaptischen Verbindungen. Die Lernregel, nach der die Verbindungen verändert werden, ist dabei denkbar einfach: Verbindungen, die öfters benutzt werden, verstärken sich, seltene Verbindungen werden schwächer. Die Veränderung der Struktur des Netzwerkes hängt also von der Art der Benutzung ab – in der Struktur wird Wissen abgespeichert.

Diese Struktur und Funktion des Gehirns lässt sich nun recht einfach künstlich, also in einem Computer, nachbauen. Man hat ein Netzwerk von einfachen Verarbeitungseinheiten, welche den Neuronen entsprechen. Diese Knoten können Input in Form von Zahlenwerten, der durch die Verbindungen von anderen Knoten rührt, aufsummieren und daraus einen Ausgabewert berechnen. Im rechten Teil der Abb. 12.2 sieht man ein solches Netz; die roten Knoten sind dabei Eingabeneuronen, über die Werte in das Netz eingegeben werden. In natürlichen Netzen wären dies zum Beispiel Neuronen der Retina, über die Bildpunkte aufgenommen werden können. Die grünen Knoten entsprechen Knoten, die Ergebnisse des Netzes nach außen geben können. Die synaptische Plastizität wird hier durch Gewichte, die mit den Kanten verbunden sind, modelliert. Ein Knoten erhält als Eingabe die gewichtete Summe aller Werte der Knoten, mit denen er verbunden ist. Lernen wird nun durch Verändern der Gewichte bewirkt. Nehmen wir zum Beispiel an, das Netzwerk soll lernen, das Bild einer Rose von Bildern anderer Blumen zu unterscheiden. Das Netz bauen wir so, dass es so viele Eingabeknoten hat, wie die Bilder Punkte haben; jeder dieser Knoten bekommt nun einen Zahlenwert, der dem Grauwert (wir nehmen ein Schwarzweißbild an) des Bildpunktes entspricht. Die Aktivität, die an dieser „künstlichen Retina“ anliegt, wird durch das Netz entlang der Kanten an die anderen Knoten weitergegeben; hierbei dämpfen oder verstärken die Kanten gemäß ihrer Gewichte die Reize. Nehmen wir an, dass bei Präsentation des Bildes einer Rose das Netz mit zwei Einsen an den grünen Ausgabeknoten antworten soll. Handelt es sich nicht um eine Rose, sollen zwei Nullen erscheinen. Wir lehren nun dem Netz dieses Verhalten, indem wir ihm sukzessive Bilder präsentieren. Gibt das Netz den richtigen Wert aus (also Einsen bei Rose, Nullen bei Nicht-Rose), lassen wir es unverändert und präsentieren das nächste Bild. Gibt es aber den falschen Wert aus, verändern wir die Gewichte an den Kanten ein kleines bisschen nach einem vorher vorgelegten Verfahren (der Lernregel) und machen danach weiter mit der Präsentation unserer Lernbeispiele. Bei geeigneter Struktur und Größe des Netzes, geeigneter Wahl der Lernregel und hinreichend großer Trainingsmenge von Bildern kann man erreichen, dass das Netz lernt, Rosen von Nicht-Rosen zu unterscheiden: Präsentiert man dem Netz das Bild einer Rose, das es noch nicht während der Trainingsphase gesehen hat, gibt es Einsen aus! Das neuronale Netz hat gelernt, was eine Rose ausmacht, ohne dass wir dies explizit repräsentiert und eingegeben haben – wir haben lediglich Beispiele präsentiert.

Genau hierin liegt der Unterschied zu den vorher diskutierten propositionalen Repräsentationen; dort haben wir durch Aussagen in Formelform genau festgelegt, wie unser Wissen aussieht. Wir konnten es jederzeit lesen und verarbeiten; man nennt eine solche Darstellung auch „symbolisch" – die gelernte Darstellung der Rose, die sich in der Struktur und Gewichtung des Netzes herausgebildet hat, ist „sub-symbolisch"; sie ist nicht lesbar und kann nicht interpretiert werden.

In den 1980er Jahren wurde in den Kognitionswissenschaften und der KI debattiert, wie die mentale Repräsentation von Wissen charakterisiert werden kann – symbolisch oder sub-symbolisch. Mittlerweile haben viele Arbeiten und Ergebnisse gezeigt, dass beides wohl der Fall ist. Manches, wie zum Bespiel räumliches Wissen, ist im Gehirn des Menschen auch bildartig, sub-symbolisch, abgespeichert, anderes wiederum durch Aussagen und Symbole. In der Robotik und beim Bau intelligenter Systeme benutzt man ebenfalls beide Methoden. Neuronale Netze eignen sich hervorragend für manche Lernaufgaben, wie wir es am Beispiel der Bilderkennung durchgespielt haben; propositionale Repräsentationen dagegen erleichtern das Planen von komplexen Aufgaben, die ein Roboter ausführen soll und die sich ständig situationsbedingt ändern.

Genetische Algorithmen

Haben wir eben das Gehirn als Vorbild für Repräsentation und Lernen herangezogen, könnten wir noch weiter gehen und die Evolution als Beispiel nehmen. Evolutionäre Ausprägung und Anpassung der Arten kann durchaus auch als Lernvorgang verstanden werden. In der Informatik gibt es seit den 1970er Jahren Ansätze, solche Lernvorgänge im Computer nachzubilden und zu nutzen. Aber auch schon Goethe hat dieses Prinzip beim Entwurf des Humunculus (vgl. Seite 42) erkannt und angewendet: Humunculus beschließt, um sich zu vervollkommnen, ins Meer zu gehen, um die Evolution erneut zu durchlaufen. Dort geschieht eine Synthese aus Feuer und Wasser, wodurch eine künstlerische Schöpfung entsteht.

Wie bauen Informatiker die Evolution nach? Nehmen wir zur Veranschaulichung das Problem eines Handlungsreisenden (der natürlich auch ein Roboter sein kann) – wir nennen ihn „Agent". Der Agent hat die Aufgabe eine bestimmte Anzahl, sagen wir n, von Orten zu besuchen, wobei die Reihenfolge so gewählt werden soll, dass

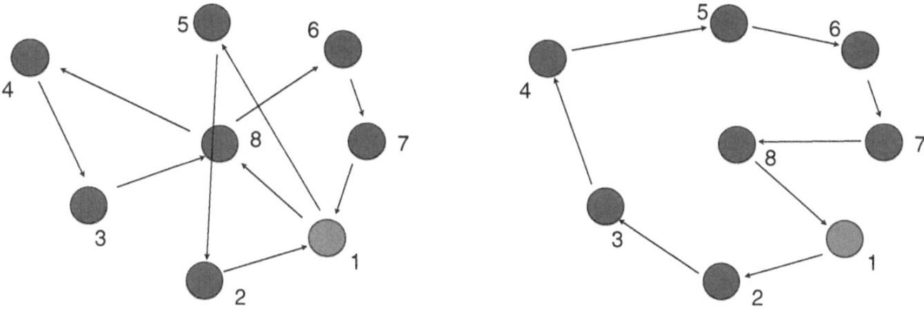

Abb. 12.3 Zwei mögliche Pfade eines Handlungsreisenden, um 8 Orte zu besuchen

die zurückzulegende Strecke möglichst kurz ist. In Abb. 12.3 haben wir $n = 8$ Orte und wir nehmen an, dass sich der Agent im Ort mit der Nummer 1 befindet. Im linken Teil der Abbildung besucht der Agent die Orte in der Reihenfolge 1, 8, 4, 3, 8, 6, 7, 1 im rechten Teil in der Folge 1, 2, 3, 4, 5, 6, 7, 8, 1. Natürlich gibt es sehr viel mehr mögliche Pfade – in unserem Beispiel sind dies 5040 Möglichkeiten. Nimmt man einen weiteren Ort dazu, hätte man schon 40320 mögliche Pfade, von denen man die kürzesten finden müsste. Anstatt nun alle Möglichkeiten durchzurechnen oder sich weitergehende Kenntnisse in Mathematik anzueignen „spielen wir Evolution":

Zu Beginn des Verfahrens erzeugen wir eine sogenannte Population. In unserem Fall sind dies zufällig gewählte Pfade durch alle n Orte; die beiden Pfade aus Abb. 12.3 könnten zum Beispiel dazugehören. Auf diesen Mitgliedern der Population definieren wir uns nun eine „Fitnessfunktion": Im Falle der Pfade bietet sich an, einfach die Länge zu wählen – wir suchen ja den kürzesten Pfad. Nun ist aber kaum anzunehmen, dass bei diesen zufällig gewählten Pfaden in unserer Ausgangspopulation bereits die besten Pfade enthalten sind; da sie zufällig erzeugt wurden, können dies auch sehr wirre, zickzackförmige Pfade sein.

Wir wollen nun wie folgt eine neue Population erzeugen, in der Hoffnung, da bessere Pfade dabei zu haben: Wir wählen aus der Population eine bestimmte Anzahl der fittesten Pfade aus; diese werden nun gekreuzt, so dass neue Pfade entstehen. Dazu setzen wir aus zwei ausgewählten Pfaden einen neuen zusammen, indem wir einen Teil des einen und den Rest des anderen Pfades nehmen. Diese neuen Individuen zusammen mit einem Teil der alten bilden eine neue Population, eine weitere Generation. Auf diese Pfade kann wieder die Fitnessfunktion angewendet werden und wir können weitere Generationen erzeugen. Ab und zu muss noch eine kleine Störung, eine Mutation, eingebaut werden: Teile von Pfaden werden zufällig und planlos verändert. Solche Mutationen, also sprunghafte, nicht-zielgerichtete Modifikationen an einzelnen Mitgliedern einer Population, geben der Evolution sozusagen eine Chance, etwas Neues auszuprobieren. Würde man immer nur der Bewertung durch die Fitnessfunktion folgen, würde die Evolution sich schnell „festrennen", sie würde – um im biologischen Vorbild zu bleiben – keine hinreichende Artenvielfalt erzeugen können. Die Mutationen machen dem Zufall ein Angebot, neue bisher noch nicht beachtete Wege zu gehen.

Führt man dieses Generieren von Populationen genügend oft aus, wird man feststellen, dass die Populationen immer bessere Pfade enthalten – in der Regel konvergiert dieses Vorgehen, so dass wir nach einer bestimmten Anzahl von Generationen den optimalen Pfad erzeugt haben. Dabei gibt es eine Reihe von Besonderheiten zu beachten, die aber hier nicht weiter interessieren.

Wie im Falle der neuronalen Netze haben wir auch hier eine bestimmte Leistung erbracht, ohne eigentlich genau zu wissen wie. Lediglich die Fitness eines Pfades konnten wir bestimmen, das Bilden des kürzesten Pfades wurde evolutionär gelöst. Wir haben einen sogenannten genetischen Algorithmus zum Aufspüren eines optimalen Pfades benutzt.

Kapitel 13
Haben Sie Angst, als Maschine entlarvt zu werden?

Ich schleiche mich ins Schlafzimmer und stelle mich auf die Konsole mit dem dreiflügeligen Spiegel. Wenn ich die Flügel nach innen klappe, kann ich mich auch von den Seiten sehen. Bewege ich die Flügel hin und her, kann ich mich beliebig multiplizieren oder reduzieren. Ein faszinierendes Spiel, bis es von meiner Mutter unterbrochen wird: „Wenn man zu lang in den Spiegel guckt, schaut auf einmal ein Teufelchen heraus." Da suche ich mir lieber ein anderes Spiel.

Wer sind wir? So viele Antworten wie Kulturen! Eine der Antworten in der Nachkriegszeit lautet: „Wir finden doch immer was, (...), was uns glauben lässt, dass wir existieren". So resümiert Estragon in Becketts Stück „Warten auf Godot" (1952 uraufgeführt) und sein Kumpane Wladimir ergänzt: „Ja, ja, wir sind Zauberer...". Beide Figuren warten in diesem Stück auf einen Menschen namens Godot, der nicht kommt. Während sie sich mit absurden Dialogen über belanglose Dinge und clownesken Spielchen die Zeit vertreiben, herrscht im Zuschauerraum alptraumhafte Beklemmung. Das auf der Stelle tretende Stück trifft den Nerv der Zeit: Nichts, weder Gott noch Wissenschaft, weder politische Ideologien noch Religionen, kann angesichts dessen, was in den beiden Weltkriegen geschehen ist, Antworten auf die Frage nach dem Sinn des Lebens, nach dem Wesen unseres Seins geben. Es gibt keine Charaktere, keine Handlung, keine Entwicklung, keine Botschaft. Mit dieser traurigen Bilanz steht Beckett zusammen mit den anderen Autoren des absurden Theaters (siehe Ionesco, Kap. 5) in der Tradition der Existentialisten Sartre (siehe Kap. 6, Aufklärung) und Camus. Letztere haben allerdings noch eine Hintertüre offen gelassen, durch die wir später noch kurz spähen werden.

Diese radikale Infragestellung des Humanen zwingt uns, noch einmal auf Frage nach unserer Existenz und unserer Identität einzugehen, die insbesondere an die Frage nach unserer Bewusstheit gekoppelt ist. Wie unterscheidet sich der Mensch von der Maschine, wenn diese – zumindest als Gedankenspiel – mit so etwas wie Bewusstheit ausgestattet ist? Welche Qualitäten muss der Mensch aufweisen, um sich von der Maschine abzugrenzen? Der Film „Blade Runner" von Ridley Scott aus dem Jahr 1982 bringt uns dieser Frage näher. Der Film nach dem Buch von Philip K. Dick „Träumen Androiden von elektrischen Schafen?" genießt außergewöhnlichen Kultstatus und wird von vielen als einer der besten Science-Fiction-Filme bezeichnet.

U. Barthelmeß, U. Furbach, *IRobot – uMan*,
DOI 10.1007/978-3-642-22928-2_13,

Der Protagonist, Rick Deckard (in Anlehnung an Descartes), ist eine Art Kopfgeldjäger, der Androiden jagt, die sich verbotenerweise auf der Erde aufhalten. Diese Androiden, sie werden dort Replikanten genannt, sind äußerst gefährlich und gewalttätig; ihr Problem ist, dass ihre Lebensdauer künstlich auf vier Jahre begrenzt ist, und so versuchen sie, über ihren Hersteller diese Begrenzung aufzuheben. Das Erkennen dieser Replikanten ist schwierig, sie sind absolut menschengleich und haben sogar künstliche Erinnerungen (auch an ihre Eltern und ihre Kindheit); um sie von Menschen zu unterscheiden, wird ein Testgerät verwendet, mit dessen Hilfe der sogenannte „Voight-Kampff-Test" angewendet wird. Hierbei wird den Probanden eine Reihe von Fragen gestellt, um herauszufinden, ob sie über die Fähigkeit der Empathie verfügen, was ein Gerät durch Augenbeobachtung erkennen sollte. Allerdings stellt sich im Verlaufe des Films heraus, dass dies bei der neuen Generation von Replikanten immer schwieriger wird. Sie haben Gefühle und Empathie; sie suchen ihren Schöpfer, zeigen insgesamt im Lauf der Handlung immer menschlichere Züge. Die Grenzen zu Menschen werden immer unklarer, die Menschen verhalten sich zusehends unmenschlicher und die Replikanten menschlicher. Der „Voight-Kampff-Test" im Film erinnert stark an den Turing-Test, den wir im Zusammenhang mit der Frage, ob künstliche System verstehen, diskutiert hatten (vgl. Seite 13). Hier allerdings geht es um mehr als die Frage, ob das System versteht oder intelligent ist. Vielmehr ist nun die Frage: Was ist ein Mensch? Am Ende des Filmes bleibt sogar offen, ob der Protagonist Deckard nicht vielleicht selbst ein Replikant ist. Jedenfalls verliebt er sich in eine Replikantin und flieht mit ihr. Ob sie glücklich werden, weiß man nicht; diese und viele andere Fragen im Zusammenhang mit diesem Film werden in zahlreichen Internet-Foren von der Fangemeinde diskutiert.

Vielleicht ist der Titel des Filmes „Blade Runner" so gewählt, dass er an das „Uncanny Valley", oder zumindest an seine Erklärung, erinnert (siehe Seite 98). Dinge oder Wesen, die sich an der Grenzlinie zwischen zwei Kategorien befinden, flößen uns Angst ein. Es ist nicht der kleine drollige Roboter aus Star Wars, R2D2, der uns Angst macht, nicht der kleine Wall-E aus dem gleichnamigen Film, es sind die menschenähnlichen Roboter, die kaum von Menschen zu unterscheiden sind, wie der Terminator oder eben die Replikanten.

Soll es einem Testgerät überlassen werden, über die Identität eines Menschen zu entscheiden? Oder finden wir uns damit ab, dass unsere Existenz eine Illusion ist? Gibt es einen Weg aus dieser Sackgasse? Sartres radikales Urteil, „Der Mensch ist zur Freiheit verurteilt", impliziert die Verneinung der menschlichen Natur, eines ihn konstituierenden Konzepts, an dem er sich orientieren kann. Die radikale Freiheit bedeutet radikale Verantwortung, was ein Gefühl von Angst und Verlassenheit verursacht. Der Mensch ist Subjekt im Sinne Descartes „cogito ergo sum", der Mensch hat die Freiheit des Denkens, der Wahl. Er kann Nein sagen. Sartre sieht jedoch die schöpferische Freiheit, die Freiheit handeln zu können als Ausschlag gebend. Eine weitere Abwandlung erfährt das „Cogito" auch insofern, als das Individuum sich nur im Spiegel der anderen erfassen kann. Sartre schreibt in „Ist der Existenzialismus ein Humanismus?":

> Durch das „Ich denke“ kommen wir – im Gegensatz zu der Philosophie von Descartes, im Gegensatz zu der Philosophie Kants – zu uns selber im Angesicht des anderen, und der andere ist für uns ebenso sicher wie wir selbst. Somit entdeckt der Mensch, der sich durch das Cogito unmittelbar erfasst, auch alle andern, und er entdeckt sie als die Bedingung seiner Existenz.

Daraus ergibt sich die Universalität des individuellen Entwurfs, was nicht bedeutet, dass ein Entwurf den Menschen für immer definiert, sondern dass er für jeden Menschen verstehbar ist. Da unser Wille zur Freiheit von der Freiheit der anderen abhängt, wird man zwangsläufig bei seinem individuellen Entwurf den der anderen mit konzipieren. Das bedeutet, dass – wie bei Kants kategorischem Imperativ – Willkür, Egoismus, Tyrannei ausgeschaltet werden. Sartre folgert: „In diesem Sinne ist der Existentialismus ein Optimismus, eine Lehre der Tat [. . .]“

Der „geworfene Mensch“ hat trotz seiner verzweifelten Lage, trotz seiner Einsamkeit eine Perspektive erhalten: Er kann sich selbst entwerfen, auch wenn es anders sicher einfacher wäre.

Auch Camus' philosophischer Ansatz geht von deprimierenden Prämissen aus: Unser Leben ist so sinnlos wie das des Sisyphos, der von den Göttern für seine verschlagenen Intrigen gegen sie damit bestraft wurde, in der Unterwelt einen Felsblock einen steilen Hang hinaufzurollen. Kurz vor dem Ziel entglitt ihm der Stein und er musste wieder von vorne anfangen. Da der Mensch sterben müsse, seien seine Bemühungen, im Leben einen Sinn zu finden, von vornherein vereitelt. Ihm bleibe nichts anderes übrig, als diese Tatsache zu akzeptieren. Wäre daher Selbstmord eine Lösung? Camus verneint, der Mensch hält noch einen Trumpf in der Hand: Er kann gegen die Absurdität des Lebens aufbegehren, auch wenn er vor dem Tod nicht fliehen kann. Camus schreibt im „Mythos von Sisyphos“:

> Darin besteht die verborgene Freude des Sisyphos. Sein Schicksal gehört ihm. Sein Fels ist seine Sache. [. . .] Der absurde Mensch sagt ja, und seine Anstrengung hört nicht mehr auf. Wenn es ein persönliches Geschick gibt, dann gibt es kein übergeordnetes Schicksal oder zumindest nur eines, das er unheilvoll und verachtenswert findet. Darüber hinaus weiß er sich als Herr seiner Tage. In diesem besonderen Augenblick, in dem der Mensch sich seinem Leben zuwendet, betrachtet Sisyphos, der zu seinem Stein zurückkehrt, die Reihe unzusammenhängender Handlungen, die sein Schicksal werden, als von ihm geschaffen, vereint unter dem Blick seiner Erinnerung und bald besiegelt durch den Tod. Derart überzeugt vom ganz und gar menschlichen Ursprung alles Menschlichen, ein Blinder, der sehen möchte und weiß, daß die Nacht kein Ende hat, ist er immer unterwegs. Noch rollt der Stein. [. . .] Dieses Universum, das nun keinen Herrn mehr kennt, kommt ihm weder unfruchtbar noch wertlos vor. Jeder Gran dieses Steins, jedes mineralische Aufblitzen in diesem in Nacht gehüllten Berg ist eine Welt für sich. Der Kampf gegen Gipfel vermag ein Menschenherz auszufüllen. Wir müssen uns Sisyphos als einen glücklichen Menschen vorstellen.

Das bayerische Universalgenie Achternbusch, ein moderner Absurder, bringt diese Idee lakonisch auf den Punkt, wenn er in seinem Film „Die Atlantikschwimmer“ seinen Helden sagen lässt: „Du hast keine Chance, aber nutze sie.“

Trotz der Einschränkungen, die wir Menschen haben, wenn es um Selbsterkenntnis geht, gibt es offenbar noch Spielraum, gedankliche oder lebensphilosophische Ansätze, die das Experiment „Leben“ attraktiv erhalten.

Noch immer ist nicht geklärt, was wir tun können, um nicht als Maschine entlarvt zu werden.[1] Die Frage nach der Authentizität der Menschen ist in einem anderen Rahmen schon einmal geprüft worden. Vielleicht können wir daraus ja etwas lernen. In Lessings „Nathan der Weise" findet sich an zentraler Stelle die „Ringparabel", die an Boccaccios Erzählung im Decamerone angelehnt ist. Der muslimische Saladin stellt dem jüdischen Nathan die Frage nach der wahren der drei monotheistischen Religionen. Nathan will einer klaren Antwort ausweichen, da in seinen Augen das Problem unlösbar ist. So erzählt er ihm ein Gleichnis:

> Ein Mann besitzt einen Ring, dessen Wunderkraft darin besteht, seinen Träger „vor Gott und Menschen angenehm" zu machen. Seit Generationen wird der Ring, dessen Besitz an den Anspruch auf das Alleinerbe der väterlichen Güter gekoppelt ist, an den Sohn vererbt, der von ihm am meisten geliebt wird. Doch eines Tages gelangt der Ring an einen Vater, der sich für keinen seiner drei Söhne entscheiden kann. So lässt er Duplikate des Ringes erstellen, gibt allen Söhnen den gleichen Ring und lässt sie im Glauben, den echten zu haben. Diese ziehen nach dem Tod des Vaters vor das Gericht, wo sie sich gegenseitig des Betrugs beschuldigen. Der Richter wirkt zunächst ratlos, erinnert die Söhne dann aber an die Wunderkraft des Ringes, die sich leider noch an keinem von ihnen offenbart hat, und entlässt sie mit dem Rat, so zu leben, um die Wirkung des Ringes herbeizuführen. Am Ende aller Zeiten werde ein Mann mit größerer Weisheit die Frage nach der Echtheit entscheiden.

Keiner der Söhne ist prädestiniert, der Auserwählte zu sein, jedem steht es frei, von sich einen Entwurf zu machen und diesen zu leben, um sich des Ringes, d.h. seiner Verantwortung, die mit ihm verbunden ist, als würdig zu erweisen. Lessing hat mit dieser Parabel im Rahmes des Dramas Menschenliebe, Hilfsbereitschaft, Toleranz, Mildtätigkeit und Erziehung zum Kern des Humanitätsbegriffs gemacht.

Wie wäre es, wenn wir uns an ihn – und auch an die existentialistischen Philosophen – hielten? Lasst uns gegen die Absurdität des Lebens rebellieren, entwerfen wir unser eigenes Bild vom Menschen, damit wir uns (wenn nicht vor Gott) so zumindest vor den anderen Menschen angenehm machen. Es gibt kein Rezept, jeder möge sein Menschsein so realisieren, wie es ihm richtig erscheint und wie er es auch bei anderen akzeptieren bzw. tolerieren würde. Kehren Sie den Menschen in sich heraus, zeigen Sie's den Maschinen, zeigen Sie, dass Sie nicht perfekt sind: Am Webfehler erkennt man die Echtheit des handgewebten Teppichs. Schwächen und Fehler verbinden die Menschen oft mehr als ihre Stärken. Tun Sie Dinge, die völlig überflüssig scheinen und keinen Nutzen bringen: „Der Mensch spielt nur, wo er in voller Bedeutung des Wortes Mensch ist, und er ist nur da ganz Mensch, wo er spielt." (Schiller). Seien Sie einfach mal unzuverlässig und verlassen Sie eingetretene Pfade, wagen Sie Non-Konformismus, seien Sie störrisch: „Tut das Unnütze, singt die Lieder, die man aus eurem Mund nicht erwartet! Seid unbequem, seid Sand, nicht das Öl im Getriebe der Welt!" (Günter Eich) Ziehen Sie all Ihre Register, um die Angriffe, die Sie in Ihrem Menschsein anfechten, zu parieren. – Und noch etwas: Sollte eine Maschine auf die Idee kommen, es Ihnen gleichzutun – sei's drum.

---

[1] Die Kapitelüberschrift bezieht sich auf eine interaktive Installation von Sibylle Hauert und Daniel Reichmuth: V.O.C.A.L. HABEN SIE ANGST ALS MASCHINE ENTLARVT ZU WERDEN?, Museum Tinguely 9.6 – 12.9.2010, Kunsthaus Graz 9.10.2010 – 20.02.2011.

Sachverzeichnis

U. Barthelmeß, U. Furbach, *IRobot – uMan*,
DOI 10.1007/978-3-642-22928-2, © Springer-Verlag Berlin Heidelberg 2012

Abbildungsverzeichnis

Bildquellen

Abb. 1.1 Miniaturen aus folgenden Quellen.

Abb. 2.1 Hiroshi Ishiguro builds his evil android twin: Geminoid HI-1 By Paul Miller posted July 21st 2006 9:02AM, www.engadget.com

Abb. 2.2 Presseinformation vom 4. März 2010, Fraunhofer Institute for Intelligent Analysis and Information System.

Abb. 2.3 Rent Your Own HAL Exoskeleton For The Low, Low Price of US$1000! By Sean Fallon on April 18, 2008 at 4:30 AM, www.gizmodo.com.au/.

Abb. 2.4 DARPA Grand Challenge (2005). (2010, August 3). In Wikipedia, The Free Encyclopedia. Retrieved 13:16, May 21, 2011, from http://en.wikipedia.org/w/index.php?title=DARPA_Grand_Challenge_(2005)&oldid=376933964.

Abb. 3.1 Eigenes Foto.

Abb. 4.1 http://history-computer.com/Dreamers/LeonardoAutomata.html (Abfgerufen am 20. Mai 2011). Foto Mark Rosheim.

Abb. 4.2 Löwe: http://www.leonardo3.net/ aufgerufen am 20. Mai 2011. Quelle: Leonardo 3, SRL via Monte Napoleone, Milano. AIBO: Frieder Stolzenburg.

Abb. 4.3 Ars generalis ultima. In: Wikipedia, Die freie Enzyklopädie. Bearbeitungsstand: 4. Dezember 2010, 17:30 UTC. http://de.wikipedia.org/w/index.php?title=Ars_generalis_ultima&oldid=82269148 (Abgerufen: 21. Mai 2011, 15:12 UTC).

Abb. 5.1 Gottfried Wilhelm Leibniz. In: Wikipedia, Die freie Enzyklopädie. Bearbeitungsstand: 14. Mai 2011, 08:37 UTC. http://de.wikipedia.org/w/index.php?title=Gottfried_Wilhelm_Leibniz&oldid=88814939 (Abgerufen: 23. Mai 2011, 07:22 UTC). Quelle: user kolossos.

Abb. 5.2 Jacques de Vaucanson. In: Wikipedia, Die freie Enzyklopädie. Bearbeitungsstand: 25. November 2010, 19:44 UTC. http://de.wikipedia.org/w/index.php?title=Jacques_de_Vaucanson&oldid=81935268 (Abgerufen: 23. Mai 2011, 07:25 UTC).

Abb. 5.3 Pierre Jaquet-Droz. In: Wikipedia, Die freie Enzyklopädie. Bearbeitungsstand: 20. April 2011, 17:51 UTC. http://de.wikipedia.org/w/index.php?title=Pierre_Jaquet-Droz&oldid=87935086 (Abgerufen: 23. Mai 2011, 07:27 UTC). Quelle: Rama.

Abb. 5.4 Kupferstich von Racknitz.

Abb. 5.5 http://aeiou.exameinformatica.pt/asimo-em-portugal-video=f997100 (Abgerufen: 23. Mai 2011).

Abb. 5.6 http://www.scienceclarified.com/scitech/Artificial-Intelligence/The-First-Thinking-Machines.html (Abgerufen: 23. Mai 2011).

Abb. 5.7 http://www.mundotech.net/wp-content/uploads/2007/12/genghis_robot.jpg (Abgerufen: 23. Mai 2011).

Abb. 6.1 http://www.robaid.com/robotics/robots-which-feel-robot-kismet.htm (Abgerufen: 23. Mai 2011).

Abb. 6.4 http://orphanfilmsymposium.blogspot.com/2008/05/national-science-foundation-grants.html (Abgerufen: 23. Mai 2011).

Abb. 9.1 Briefmarke, Deutsche Post.

Abb. 9.2 Foto von United States Department of Defense archive, number 951205-N-3149J-006.

Abb. 9.3 Military robot. (2011, May 14). In Wikipedia, The Free Encyclopedia. Retrieved 08:16, May 23, 2011, from http://en.wikipedia.org/w/index.php?title=Military_robot&oldid=429004864. US Federal Government.

Abb. 9.4 http://en.wikipedia.org/wiki/File:The_Disquieting_Muses.jpg (Abgerufen: 4. August2011).

Abb. 9.5 http://www.andrebreton.fr/Resources/Assets/56600100295100/HR_56600100295100_1.jpg (Abgerufen: 23. Mai 2011).

Abb. 9.6 http://tinguely.wikispaces.com/ (Abgerufen: 23. Mai 2011) Jean Tinguely (Fribourg 1925 - 1991 Bern), Balouba No. 3 (Baluba Nr. 3), 1959, Holz, Metall, Glühbirne, Elektromotor, 136 cm hoch; Museum Ludwig, ML 1141.

Abb. 9.7 http://www.stuttgarter-brunnen.de/strawinski-brunnen/ (Abgerufen: 23. Mai 2011).

Abb. 10.1 http://www.gruesse-aus-dem-norden.de/stiefmuetterchen.jpg und http://adsoftheworld.com/media/print/hut_weber_hitler_vs_chaplin (Abgerufen: 4. August 2011). Quelle: Serviceplan Hamburg/München, Francisca Maass.

Abb. 10.2 http://leblogamandy.over-blog.com/article-33273038.html (Abgerufen: 23. Mai 2011). Quelle: Benoît Fougeirol.

Abb. 10.3 http://monstercat.blogg.no/images/266332-10-1259253059442.jpg (Abgerufen: 23. Mai 2011). Quelle: Universal Studios.

Abb. 11.1 Who's Afraid of the Uncanny Valley? Posted by: Erico Guizzo, Fr. April 02, 2010 http://spectrum.ieee.org/automaton/robotics/humanoids/040210-who-is-afraid-of-the-uncanny-valley (Abgerufen: 23. Mai 2011). Quelle: Erico Guicco.

Abb. 11.2 http://niki.xarch.at/wordpress/ (Abgerufen: 23. Mai 2011). Quelle: Niki Passath.

Abb. 12.1 Heni Ben-Amor.

Abb. 12.2 Links: Dynamic Remodeling of Dendritic Arbors in GABAergic Interneurons of Adult Visual Cortex. Lee WCA, Huang H, Feng G, Sanes JR, %Brown EN, et al. PLoS Biology Vol. 4, No. 2, e29. doi:10.1371/journal.pbio.0040029, Figure 6f, slightly altered (plus scalebar, minus letter f.)